中年女子、ひとりで移住してみました

仕事・家・暮らし
無理しすぎない
田舎暮らしのコツ

鈴木みき

平凡社

ごあいさつ

「移住」と聞いて、みなさんは
どんな人物像が思い浮かぶでしょうか？

少し前までは、移住は「家族」でするイメージだったと思いますが、
最近では「ひとり」も増えてきました。
それも、働き盛りのアラフォー世代が……。

私の感じる限りではありますが、
その誰しもが、
仕事やお金、価値観や環境に違和感を持つ機会があって。
より自分らしく、より自分に合う
居心地のいい暮らしを求めて移住しているような気がします。

そんな私も自分に東京の生活がフィットしなくなり、
転々と比較的短いサイクルで居場所を変えてきました。
そこで気が付いたことは、
どこにいてもそんなに「暮らし方」は変わらないということ。

でも逆に、どこでも同じなんだったら。
もっと好きなところに暮らそうと思ったのでした。

目が覚めて、何が見えるか、
何が聞こえるか、どんな匂いがして、
どんな空がドアの外にあるのか。

そんな「日々」の積み重ねが「暮らし」になります。
それをどこで重ねるのか、過ごしたいのか。

この本は私が各地を転々としてきたなかで
いちばん長く暮らした山梨県北杜市での
田舎暮らしの体験をもとに、
「中年独身」の女性が移住するための
コツやアドバイスを詰め込みました。

テレビや雑誌で見るような
キラキラした田舎暮らしではありませんが、
今、暮らしをちょっと見直す
そんな時間を持つキッカケになれば。

いいじゃないですか、
ひとりだって。中年だって。

今しかない、自分の今と暮らすのです。
暮らす場所はあなたが選んでいいんですよ。

CONTENTS

第3章 田舎暮らし悲喜こもごも

第4章 中年で移住するということ

おわりに……151

COLUMN 田舎暮らしのエトセトラ

はじめに

田舎移住ってフツーは家族でするもの？
べつにいいけど
民芸品
MOVING
ぬいぐるみ
MOVING
衣類
MOVING

はじめに

やっ
どうも
46歳、もうキレイなのは戸籍だけ。
イラストレーターの鈴木みきです
みなさんは「田舎暮らし」って興味ありますか？
伝わってると思いますがバツなし独身です
私ね、38歳から8年間していたことがあるんです
山梨県北杜市という長野県との県境に位置する山に囲まれたところです
長野県
八ヶ岳
赤岳
金峰山
北杜市
山梨県
甲斐駒ヶ岳
南アルプス
甲府
東京都
静岡県
富士山
ちなみに実家は東京都心の都会っ子
なんてーの、アーバンがにじみでないタイプ？
フッ

なんの反動か反抗か
20代半ばから「街の子」に
飽きてしまい
「山の子」かっこいい……
熊どこだー？
山から山へ、
森から森へ、
人がいないところを
求めるようになりました
そうか、ここで
働いちゃうか！
へ？鹿がいた？
ことさら「山の暮らし」に
憧れた私は、
一年の半分以上、山間部での
短期バイトをして
生活をしていました
長野県の白馬《はくば》村、
小谷《おたに》村、
福島県の磐梯町、
北海道の美瑛《びえい》町にも
月単位で滞在
していたな
スキー場とか
山小屋とか
そこでどんどん
山が大好きに
なっていきました
そのときに
あることに気がつきます
ん？
逆に都会って
少なくない？
小さいころから
国土の大半は
東京のようなところだと
疑っていなかった私には
目からウロコでした
わーい
住みたいところ
たくさん♡
こんな無知
信じられないでしょうが
マジなんです

だからなのか、今流行っている「移住」や「田舎暮らし」という言葉になんだか違和感
全国ほぼ「田舎」なのに？
都会の人がイメージを勝手に作り上げているような…
都会の人ほぼ「田舎」出身者なのに？
私が引っ越すときも周りの人から、「人生の英断」であるかのようにうらやましがられ、ほめられるのがややプレッシャーでした
移住!?
自給自足!?
すてき〜
うらやまし〜
いいな〜
勇気あるなぁ〜
ご結婚を機に？
ブン
ブン
だって、それを裏切ってしまうような理由だったんですもの
山が見えるとこがいいなって
ただ、山の近くに住みたいなって…

私は田舎に住みたかったわけではなく、どこで日々を送りたいかと考えたときに
好きなものが近くにあったらいいですよね
それがたまたま田舎にあったという順序なんです
海じゃなくて？
海ならいいの？
そもそも「移住」＝「永住」なの？「田舎」はのんびり暮らさなきゃいけないの？
定年後じゃあるまいし
「引っ越し」となにがちがうっていうのー
まだ更年期だっつう
のぉ～
そりゃあ、ここに至るまでには覚悟や時間が必要ではありましたが
「移住」がもっと気楽なというか、普通の選択肢になればいいのにな、というのが率直な意見です

ほら、初めての
ひとり暮らしも
好みのライフ
スタイルを
夢見て
場所選びをした
じゃないですか
東京の大学に行ったら〜
休日は原宿で〜
その好みが
大人になって変わる
のは不自然じゃ
ないと思うん
ですよね
山梨に住んだら〜
休日は八ケ岳で〜
まあ、中年の
「移住」は「転職」と
考えるのが自然
かもしれませんね……
ウ〜む
あっ、
「転職」こそ
好みの変化か！
逆に！
ん？
ちがう？
中年が独身のまま
まったく縁のない田舎に
死ぬまで住むかといったら
正直現実的ではない
ようにも思えます
人生の「なか休み」的
移住……
ぐ

休みといっても決してのんびりすることではなく、働いて暮らしながら「これから」を考える
そんな「移住」があってもいいのでは
もちろん、その間にそこで生きがいや出会いがあれば、永住したっていいし
今、明らかに「移住」のスタイルは多様化してきています
とはいえ「独身中年」となると　まだまだレアケース
どんな前向きに移住しても「ワケアリ」を疑われるぜ
まぁ、あるっちゃああるか
もちろん、「移住」も「転職」も人生にかかわることなのでよく考えないといけません
でも、もしあなたが今、人生の転機を望んでいるのなら「移住」はとてもいい選択だと思います

ところで「田舎暮らし」のライフスタイルって何を想像します？
豊かな自然と共に生きる、ゆったりとした時間とか？
なんなら、畑で野菜とか作ってオーガニックコットンしか着ません！ わたし！
みたいな？
古民家に住んで旦那さんの打つソバに舌つづみとか？
「人生の楽園」的な！
わんぱくでもいいたくましく育ってほしい！
かあちゃん！カエル！
みたいな？

いいですね！
そういう暮らし
している人もいる
はずです
でも、私の8年間は
ちょっと…いや けっこう？
「いわゆる」イメージ通り
ではありませんでした
中年独身の田舎暮らし
なんてこんなもんです――
し、し、しめきり
ハフ
ハフ
ノーポテチ！
ノーライフ！
ボリ
ボリ
お庭？
ガサッ
ねっ！
チュー
「いわゆる」のカケラの
ひとつもなかったような
私にその要素が
備わっていないのか？
う〜ん
きっと
そうなんで
しょうねぇ

各地を転々とした短期バイトで
ずいぶん「田舎暮らし」の
経験を積んできた
つもりでしたが
「移住」はまた別モノ
でした
私だってね、ちょっとはそういうステキなスタイルを想像してましたよ
理想と現実は
なんとやら…
正直、「田舎暮らし」って
忙しいんですよぉ
いいわけ
させて
それは、私が
働き盛りの中年、
そして独身であることが
大きく関与して
います
ひとり
暮らしだしぃ
ブリ
ブリ
移住してすぐに
都会ではスルーできていた
「日曜大工的家事」と
トンテン
カン
テン
「近所付き合い的家事」が
加わると
ヘー
これだけで
日が暮れる
ことも……
もう5時け?
キンコーン
カンコーン

「家事」だけしていればいいなら「いわゆる」感を出せた気がする…
それだけでもけっこう忙しい
しかーし、中年独身はそんなわけにいきません
ハーイ、私が大黒柱でありそれを支える妻役でもあり
田舎では都会より、家族分の役割を兼任させられます
働き盛りのアラフォー
家庭もない若くもない我らが定年前に「田舎暮らし」を始めるには、準備にコツがいります
「仕事」「お金」「家探し」「近所付き合い」…
「家庭あり・若い・定年後」なら準備からサポートしてくれる自治体が多いんですけどね
ケッ

そんな実情もあり、移住の準備はなるべく早く始めたほうがいいでしょう
実行まではある程度時間がかかるものです
大人のタイミングって自分だけのタイミングじゃないですしね
職場、親兄弟、恋愛……
移住を考えている人には「人生、このままでいいのか」と考えている人が多いことでしょう
でも、方向転換したくても若いときと違うのは百も承知……
ムリだったまたイチからやればいいか
20代
がんばったけどダメみたい、またイチから…？
40代
中年はダメだったときの代償が大きめ
どよん
ならば、ダメだったときのために備えておくそれが中年のライフハック！
保険のCMみたい
ダネ！

何事もやってみないとわからない
でも…
中年独身は中年独身のやり方で！
宣セー
自分の「中年」をなめちゃいけませんよ
好き勝手できる時間は案外短い
「移住」するかしないかにかかわらず、いったん忙しい自分の手を止めて暮らし方を見直してみるのはどうでしょう
拡大鏡で見る勇気を
もっと自分の「好き」に近づいた暮らしをしてみませんか？
チューネンズ ビー アンビシャス

COLUMN
田舎暮らしのエトセトラ 1

この本における「田舎」の定義

一言で「田舎」といっても、その線引きは人それぞれ。この本のなかでは、①～⑤のうち3つ以上当てはまる場所を「田舎」とします。3つ以上当てはまっても、Ⓐのどちらかが当てはまれば「郊外」とします。また、Ⓑがひとつでも当てはまる場合は「こんなところにポツンと系」として、移住初心者向けではないのでこの本では「田舎」とは区別します。

① 駅ビルのある駅まで30分以上かかる

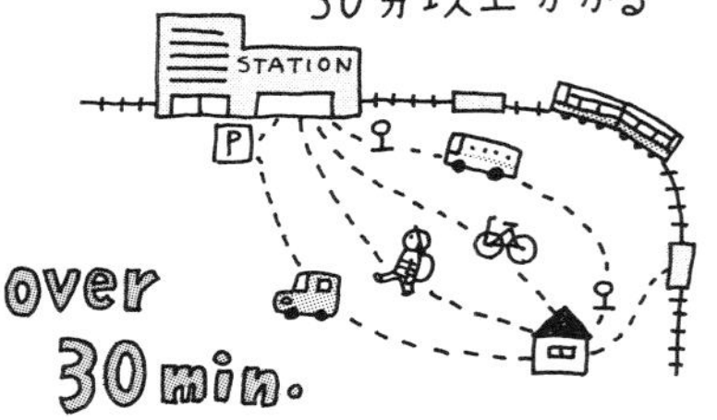

② 夜、懐中電灯がないと歩けない（満月の日は除く）

③ 最寄りの信号のある交差点がパッと思い浮かばない

④ タクシーは電話で呼ぶもの

⑤ 平日の日中はほとんど軽トラしか通らない

Ⓐ

10階建て以上のビルが2つ以上見える

交通系ICカードが使えるバスが1日に6本以上ある

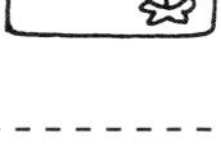

Ⓑ

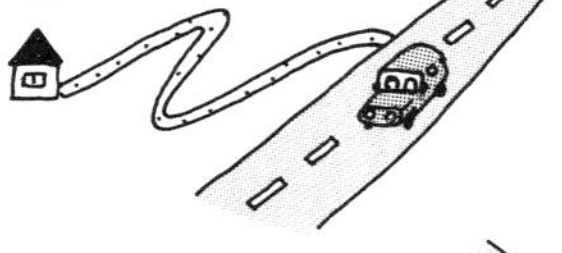

自宅玄関から舗装路まで1km以上ある

水道管がきていない

第1章

移住したいけど、仕事どうする？

移住しやすい仕事って何？
私の移住計画は仕事探しからはじまりました
移住するために今の仕事を選んだって感じですね
イラストレーターの仕事を選んだのは山の近くに住みたかったから
でも、どんな仕事でもいいかというと、やっぱりそんなこともなく——
農業とかは向いてない気がするなぁ
サボテンだって枯らすのに…
何か私にできそうなことって…
年をとってからも続けられて…どこにいてもできる仕事なら…
いろんな山のそばに住めちゃう♡
北アルプスにぃ
南アルプスにぃ
奥羽山脈にぃ
大雪山系にぃ
キャー

できたら、
できたら、登山中も
仕事できちゃってー
ぎゅーん
あ
はっちゃけた!!
イラストレーターって、どう？
もともと絵を描くのも
細かい仕事を
ひとりでコツコツやるのも
好きなほうでした
よっしゃー
これで
山の近くに住める！
と、そんなに簡単に
いくはずもなく
ですよね
とりあえず
イラストレーターの基盤を
築くために
それまでのバイトを辞め
東京に腰をすえること4年
いつになったら
イラストレーターで
食べていける
んだろう…
いじ
いじ
いつになったら
引っ越せるのー
ズーン

＊2013年刊、著者が登山を始めてイラストレーターになり、山梨県北杜市へ移住するまでを綴った自伝的コミックエッセイ。

本作りは筆記用具と宅配便か郵便があればどこでも仕事ができます
あとは電話とネット環境があれば何の問題もなし
我ながらイラストレーターとはいいアイデアでした
フフ
きっとみなさんも感じているようにネットや物流は現在進行形で発展の一途
これにより田舎でもできる仕事の可能性が広がっているのは間違いないです
私もますます仕事しやすくなってきました
平成の「働き方改革」のおかげもあって「都市部を出て働く」ということへの理解度が高まったとも感じています
平成
しかし、まだ都会と同じようには働けないのが現状のようで…

就職はおろか
通年で働くのも
なかなか難しいとか
だから若者が
都会に流出
してしまう
アルバイトの最低賃金を
比べても、収入の
目減りは予想がつく
ところ…
東京 1,013円
大阪 964円
北海道 861円
秋田 790円
石川 832円
山梨 837円
三重 873円
広島 871円
高知 790円
熊本 790円
沖縄 790円
★2019年10月30日現在
移住したくない人の
その理由のトップは
「今の生活レベルを
落としたくない」だそう
みなさん、結構
今の生活に
満足してるんですね…
って、
それはさておき
私にその感覚がないので、
その生活レベルが
どんなものを指すのか
わからないのですが
家の造りとか
便利さとかのことかな
それならたしかに
落ちてしまうけど
収入の面なら
家賃も生活費も
安くなるからなぁ

飲み屋もないですしね
お金があっても使えるところ少ないですよ
アハハ
ちなみに「遊ぶところがない」もランクインしてましたけどね
あるよ 山とか 川とか
でも時代は変わりました
これからはもっと生活の価値観が変わります
令和
もっと個人の働き方が尊重されるようになるでしょう
佐藤
鈴木
都市部との差がなくなるというよりも
個人のやり方や働き方で差が出る時代といえそう
もう働く「場所」には意味がなくなりますよ
願望を込めて大胆予想

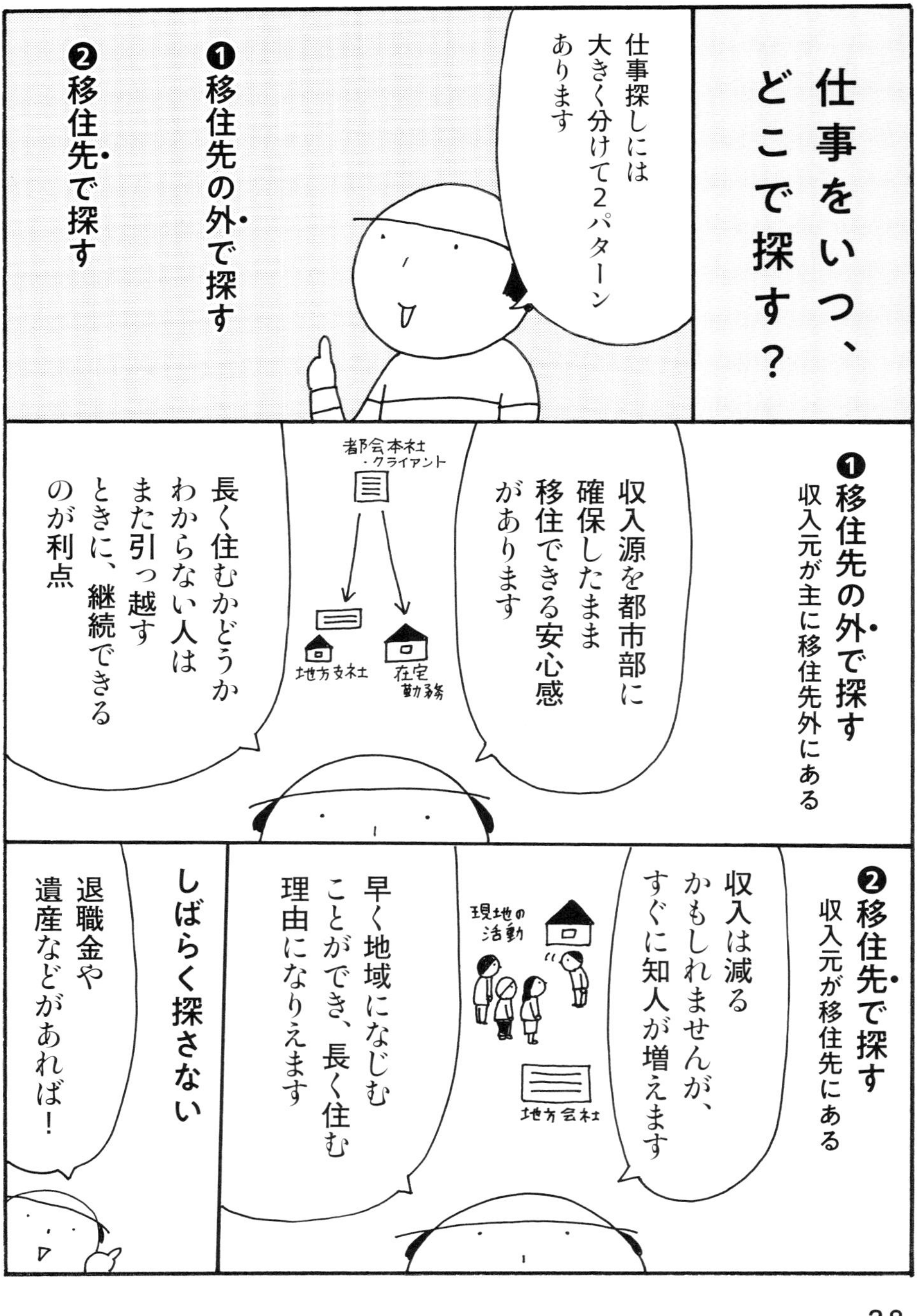
仕事をいつ、どこで探す？
仕事探しには大きく分けて2パターンあります
❶移住先の外で探す
❷移住先で探す
❶移住先の外で探す
収入元が主に移住先外にある
収入源を都市部に確保したまま移住できる安心感があります
都会本社・クライアント
地方支社
在宅勤務
長く住むかどうかわからない人はまた引っ越すときに、継続できるのが利点
❷移住先で探す
収入元が移住先にある
収入は減るかもしれませんが、すぐに知人が増えます
現地の活動
地方会社
早く地域になじむことができ、長く住む理由になりえます
しばらく探さない
退職金や遺産などがあれば！

移住後にすぐ働く働かないは別として、移住前になにかしら仕事のアテを見つけておいたほうがいいと思います
田舎で社会とのつながりを持たないと 簡単に仙人になっちゃいます
わるくはないけど、まだ早い！
仕事は次章で紹介する「家探し」にも大きくかかわってきます
「したい仕事」を優先したら、住みたい場所には住めないかもしれないし
うえでんぐ ぷだんらー？
ああ ありゃおいしいねえ
「住みたい場所」を優先したら仕事は限られるかもしれません
なにしよ!!
うまくマッチングさせられたら最高です
実際に私の周りにあった仕事をご紹介しますね
イヤン まいっちんぐ
まっちんぐ
ミキコ先生

田舎ならではの仕事って？
「田舎のお仕事」というと思い浮かぶのは農業や漁業などの第一次産業ではないでしょうか
自然と共に一日を送る田舎の環境にもっともマッチする職業かと思います
高齢化もあって担い手は減少中
自治体のあっせんで職業訓練からサポートしてくれるケースも多いです
どうも今日から師匠です
一人立ちするには何年もかかりますからそれなりの覚悟が必要な転職といえます
習い事程度では勤まらないタフさが要求されます
自治体や募集団体の条件を見てみると「45歳まで」が多いようです
あちらだって体力があって長く働ける人材が欲しいですものね
鈴木メモ
この分野に興味があるなら今すぐ考えよう

＊人口減少や高齢化の問題を抱えた自治体が、都市から地方へ移住をする人を受け入れる制度のこと。隊員は農業や住民の生活支援などの活動をしながら、地域の活性化を目指す。現在の居住地などの諸条件がある。

期間終了のことを不安に思うか
3年後…45歳か
期間があることで気が楽という人もいるでしょう
田舎に合っているかわからないしね！
私は後者 とりあえずその先の明確な目標がなくても
期間中に考えればいいかな
暮らしているうちに目標も変わりそう
楽観的な人向けかな？
アハハ
何を「おこす」にしても まずはその地域になんらかの縁や愛を感じていることが必須条件です
移住してすぐに同じ志を持つ仲間が得られるのは心強いですね

以上2つが自治体の募集が多く移住しやすい優遇制度がよくある仕事です
子供がいると教育や医療などの優遇が増えます
独身中年には移住後に「お見合いイベント」が催されるくらいですかねえ
移住先から求められある程度お膳立てされた上にすぐに地域との関わりを持てることは大きなメリットだと思います
都市部で定期的に「移住EXPO」みたいなのやってるよ
いっぺんに直接話を聞けるチャンス!
昔から憧れていた職業や得意分野が生かせる求人を見つけられたらラッキー
伝統工芸の職人さんなんてのもありますよ
でも、優遇面だけで飛びつかないように
そう、私は慎重派
鈴木メモ
優遇の裏には義務が発生することもおぼえておこう

田舎で就職するには
田舎で就職できないわけではありません
会社勤めだってもちろんあります
ただ、募集は郊外に集中します
だったら田舎から通勤するのもアリです
プップー
たとえ 車で1時間かかったとしても都会の満員電車に比べたら、気分が違います
今朝は朝焼けがきれいだー
田舎にも就職できるところはありますが希少なので、みなさんなかなか辞めません
田舎にいるきちんとした風情の人はだいたい公務員説
田舎あるある

介護、看護の仕事は都会同様に必要とされている職業です
地元の広報誌や折り込みチラシにも求人が載っていました
鈴木メモ
資格ってやっぱり強いね
同じ国家資格でも美容関係になると求人が少ない
そんなに大きな店がないからね…
ならば、開業するのも手です
すぐにお店を出すよりもはじめは集会所を借りたり、イベント出店してみるのはいかがでしょう
とくに独身女子は自宅を開放しての開業は気をつけてほしいです
鈴木メモ
大声で助けを呼ぶもかえってきたのはこだまだけ…なんてね？

在宅ワークこそ田舎暮らし向き

非在宅ワークだと
時間的にも体力的にも
独身は両立がたいへん
ブブブ…
た… ただいま…
通勤がないだけでも
こういったことに
時間がさけます
奥さん
ほしい…
仕事しながら
田舎暮らしのよさを
味わえる
いいとこどりな
気がします
もう田舎イヤー
引っ越すー
となっても
仕事は続けられます
ガクッ
ブブ
そのときに
収入の変動が少なくて
すむのもメリットでは
ないでしょうか
都市部相場で
いただけるのも魅力
個人事業主は
どうしたって
変動しますがね
鈴木メモ
在宅ワークができる
都会の会社に入るのが
今どきの賢い選択か

〝複業〟という生き方
私は「イラストレーター」として開業しましたがはっきり言ってフリーターだった時とすごく差があるようには思えません
私が知る限りほとんどの移住者はなにかひとつの仕事に絞って働いていません
フリーター…
私を含めてフリーター的な働き方をしていると感じています
最近、都会では「ダブルワーク」とか「副業」ならぬ「複業」などと呼ばれ、「新しい働き方」として紹介されることが増えています
昼
夜
レストラン
農家さんだって「兼業」が主流田舎にはこれまでも普通にあったんですよね

そうする理由は、収入面と
田舎では通年で働ける場所が
少ないからです。
でも…
観光地なら繁忙期の宿泊施設のアルバイト
水産業や農業の収穫期のアルバイト
レタス
工業地なら軽作業の日雇いなど
地域に合った季節労働はなにかしらあります
知人からの紹介が多い
私もかつてしていた季節で1年をやりくりしたり
果物の収穫
春
野菜の収穫
夏
米の収穫
秋
約2ヶ月休み!!
冬
スキー場のバイト
メインの仕事の閑散期や、貯金のために別の仕事を付け加えたり
個人事業
+
パート
独身、家族持ち関係なく田舎では珍しくない働き方です
都会、おくれてるぅー
私たちもこれからダブルワークとか言お!
フフフフ

私も イラスト以外に ライターや登山ツアーの添乗、グッズ販売などがある複業家
職業「イラストレーターなど」でいい？
ひとつひとつの仕事が集まって、なんとか一人前の収入だからですが
危機管理にもなります
鈴木です どうぞよろしくお願いします
なにかダメでもなにかはあるって
はっ
バラ バラ
つぶしがきくってやつですかねー
働いちゃうよ そりゃさ
独身中年ってだけで危ういですからねー
いずれにしても、一旦「都会の働き方」をどこかに置いて「やりたいな」とトキめいたものに正直に、転職の夢をふくらませてみては
次は参考までに移住した私の友人たちの働き方を紹介します

ケーススタディ
移住と仕事
ベー（47）独身 の場合
43歳で移住しました
前職は会社員です
海外赴任して
いました
山梨にしたのは
父の出身地だったのと
八ヶ岳周辺の雰囲気が
好きだったからです
退職金で森のなかの
古い小さな一戸建てを
購入しました
手直ししながら住んでいます！
隠居生活のように
細々とのんびり暮らし
たいと思って…
本を読むのが大好き
それでも現金はいるので
週に1日、東京で
ショップ店員のアルバイト
をして

家ではそのショップのウェブ関係を更新したりしています
週1の通勤はちょっとした旅行気分で人と会うのもたまには新鮮です
海外生活の経験を見込まれて、知人の家で語学教室をしたこともありました
あとは、ショップのHPを見た方から、写真や執筆を頼まれることもちらほら
経済的に余裕があるとはいえませんがなんとかなっています
得意なことは仕事にしつつ、好きなことを続けていけたらいいですね
これ以上働いても好きなことがおろそかになってしまいますから

オーノ (44) 独身 の場合
この春に移住したばかりです京都から長野です
これまで守りに入りがちな人生だったので思いきって環境を変えて自分も変わりたいって思いました
山が好きで信州に憧れがあったんです
大阪で保育教諭をしてたんですけど長野の山村で子育て支援の「地域おこし協力隊」の募集を見つけてこれならできる！
これや！ と
田舎の子やから純朴かと思って来ましたけど意外ととんがった子もいて
うぜぇ！
ダッ
ちょっ
もっと勉強せなあかんなぁとまだ反省ばかりです

新人さん！
こんにちは！
オーノしゃん
オーノしゃん
行政のお仕事なので
村ではちょっとした
有名人になっちゃって
アハハ
普通の移住より
人と知り合える
機会が多いんと
ちゃいますかね？
そのぶん
「人のためになっている」と
実感することも多くて
生きがいを感じます
さすが
保育のプロずら
助かったわ！
大阪では
「できひんほう」
やったのに…
かなり
おだてられて
ますぅ
家賃の補助や
任期後の支援なども
あるので、移住したい方に
オススメできるかと
思いますよ
いい村
で
よかったです
最初の1ヶ月は
緊張とホームシックで
お腹下してましたけどね
アハハ
とりあえず
がんばります

カツオ（49）バツイチ　独身　の場合
ずっと、大工やらトラック運転手やらで全国を回っていました
横浜からの移住のキッカケは家族のことが落ち着いたからで39歳のときだね
自宅の修繕をしているとき――
へー自分でできるの？
すごいね
ハハ、大工だったんで
えー　じゃあうちもお願いできないだろうか
いいっすよ
ありがとう

ガガガガガ
あら ガレージ直してもらってんの？
キャン
キャン
いいっすよ
じゃあ うちも…
そんな感じで 近所の頼まれ事が 舞い込んでくるように なったよね
ハハハハ
完全 口コミ
今度 京都の兄の 家がね…
これもっていって
いいっすよ
10年経った今も 人から人の数珠つなぎで 全国ほうぼうで 大工仕事してますよ
ハハハハ
そろそろ 再婚 しちゃお っかな
忙しいけど、 空き時間にさくっと カヌーや釣りができるし 楽しくやってるね

＊企業から委託を受け、在宅で総務・事務系の業務を請け負う仕事。

月イチは
契約会社に顔を出し
ついでに他のところに
営業もかけてます
私のほかに同じ
仕事をしている人がいるか
はわからないですね
基本的に電話からあまり
離れられませんが
あちらは秘書室に
電話してるつもりなのに
私は10秒前まで
庭いじりしてたりして
笑っちゃいますよね
○○商事
秘書室で
ございます
独身の田舎暮らしを
寂しいと思いません
むしろ、気がラクって
みきちゃんともよく
話してたんですが
ケッコン
できなかった
のではなく、
しなかったのよ
ねー
2年前にスピード結婚して
彼の住む東京に
引っ越しました!
オホホホ
人生って
わからない

工場長（44）妻子あり　の場合
うちは東京から静岡、家族でね気力・体力のある30代のうちにって感じで
登山でこの辺りが好きになって移住先はここ以外考えてなかったっすね
こう見えて、大手でSEやってたんすけど今はパン屋兼、喫茶店のマスターで
過疎化が進んだ田舎町なんで普通に転職ってのは難しかったですねぇ
でも、人はそこそこ住んでいて国道は観光地に行く通り道になってたんすわ
仕事ねぇ…
ねー、お母さんお腹すいたーパンない？

そういや、町内にパン屋がないんだっけねぇ…
コンビニパンか街まで1時間
あっ パン屋か!?
そっから パン作りを習って 研究してね
わしゃあ 昔から パンが好きだだよ
嫁ぐ前から~
実は毎朝 パン食だっけよ
意外に地元の おじいさん おばあさんに 喜んでもらえてるみたい
なら よかった
もともと 料理は好きだから 飲食店に抵抗は なかったけど やっぱり サービス業は 大変ですわー
休めねぇから じぇんじぇん 山行けねぇ~
でもね、街の生活と 違って 朝起きると 目の前が山、緑なのが いいよ
子供たちは 外で元気 いっぱい だしね

「自分」という仕事を作る
スズキ（46）独身 の場合
私わぁ 38歳のときぃ 山梨にー
え、もう話しました？
「田舎の仕事」事情いかがでしたか？すべての職業を紹介することはできませんが
そんなに可能性がないわけじゃないと思いませんでしたか？
これから「仕事」は「探す」とか「選ぶ」ではなく「作る」時代
「田舎」にはむしろチャレンジできる余白と可能性が、たくさんあるんじゃないかって思っているんです

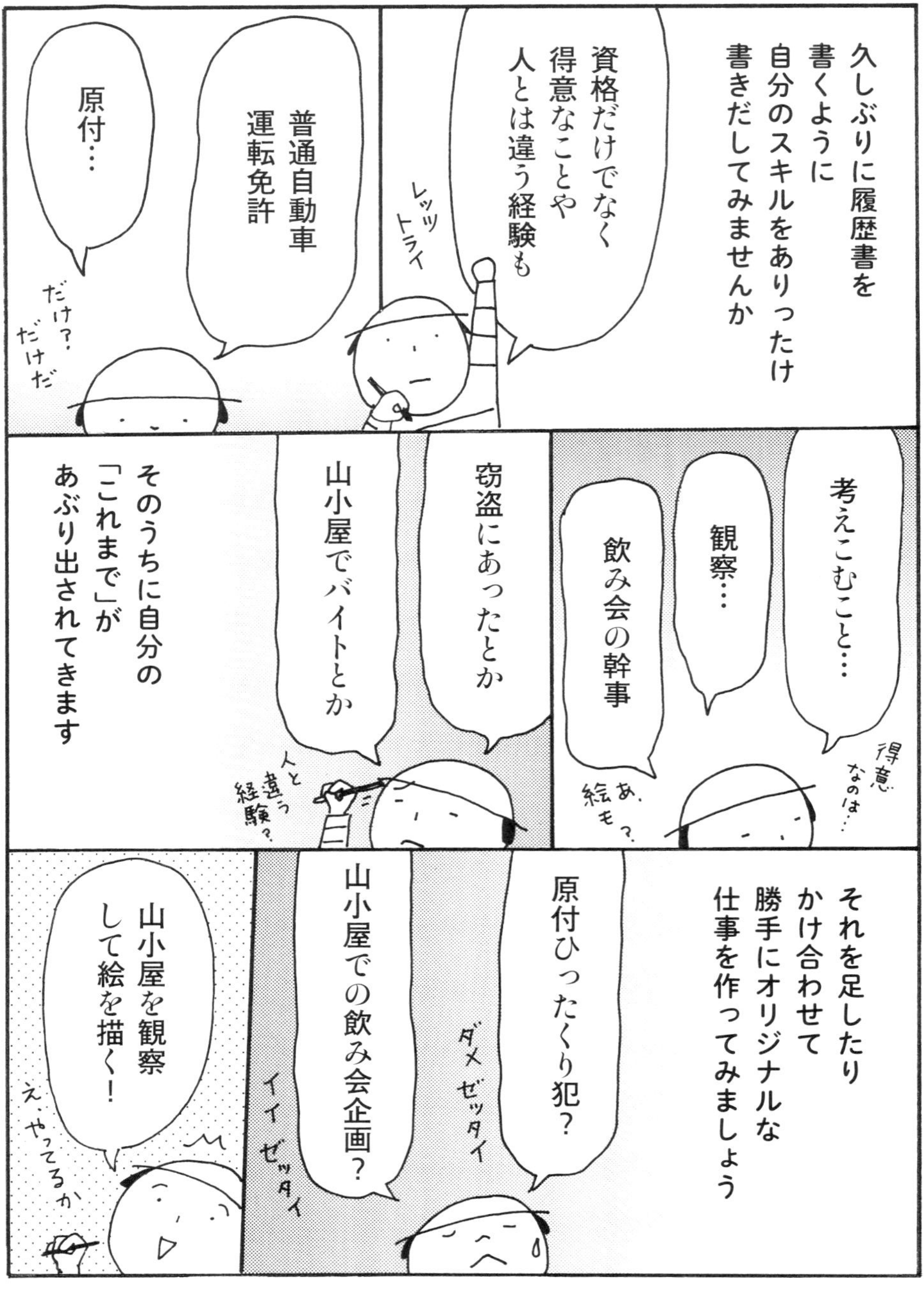

久しぶりに履歴書を書くように自分のスキルをありったけ書きだしてみませんか
資格だけでなく得意なことや人とは違う経験も
レッツ トライ
普通自動車運転免許
原付…
だけ？ だけだ
考えこむこと…
観察…
飲み会の幹事
得意なのは…
あ、絵も？
窃盗にあったとか
山小屋でバイトとか
人と違う経験？
そのうちに自分の「これまで」があぶり出されてきます
それを足したりかけ合わせて勝手にオリジナルな仕事を作ってみましょう
原付ひったくり犯？
ダメ ゼッタイ
山小屋での飲み会企画？
イイ ゼッタイ
山小屋を観察して絵を描く！
え、やってるか

それが現実的でも
おしゃれでもない
仕事だったとしても
ご自身の持っている
能力を広げる練習に
なるのではないでしょうか
考える人?
それ仕事かな?
洗い出してみてどうですか?
私って資格が少ないな
なんか取っておこうかしら…
今後なにがどう生きるかわかりません
フォークリフトとか
スキルはサバイブするツールになります
興味のあることを勉強したり習ったりすることは損にはなりませんし
「複業」を考えるならできることが多いほうがいいですしね
いろいろできまーす
できる
できる
でもあまり気負わずで大丈夫
どんな仕事でも田舎で自分ひとり分くらいならなんとか食べていけますから
山菜をおぼえるのもスキル

田舎はフリーランス天国？
「仕事を作る」って起業するばかりでなくて
「働く」ということの意識をちょっと変革する
自分を食べさせるための「私」という小さな企画運営会社を設立するイメージ
私
フリーター、フリーランスは「私」が商品セルフプロデュースして売りこむのが仕事です
会社勤めの方も雇われているのではなく「私」会社に発注された仕事と思ったらどうかしら
全員がよっ、社長♪
私は、就職経験がないのを東京にいるときは恥ずかしく思っていました
ところがどっこい田舎に来たらみんな同じような働き方をしていた
ホッとしたー

田舎総フリーランス
時代、到来!!
なんだかとても
働きやすくなったん
ですよね
「働く」価値観が
合う人たちが
たくさんいて
それに
東京にいるとき以上に
忙しくなっても
山が好きな私は
これで
納得できちゃうんです

ここに「私」会社を移してよかったなぁと社長の英断は間違っていなかった
って、自画自賛なんですけどね
ところ変われば働き方も変わります
私とは逆に田舎の働き方が合わなさそうと思った人もいるでしょう
働き方が合わないうちは、暮らしもギクシャク感じるかもしれません
最初は減収や時間の使い方に戸惑うと思います
でも──
キリッ
慣れます
合わせるというより合ってきますよ

COLUMN
田舎暮らしのエトセトラ 2

フローチャート
あなたに合う移住後の仕事は?

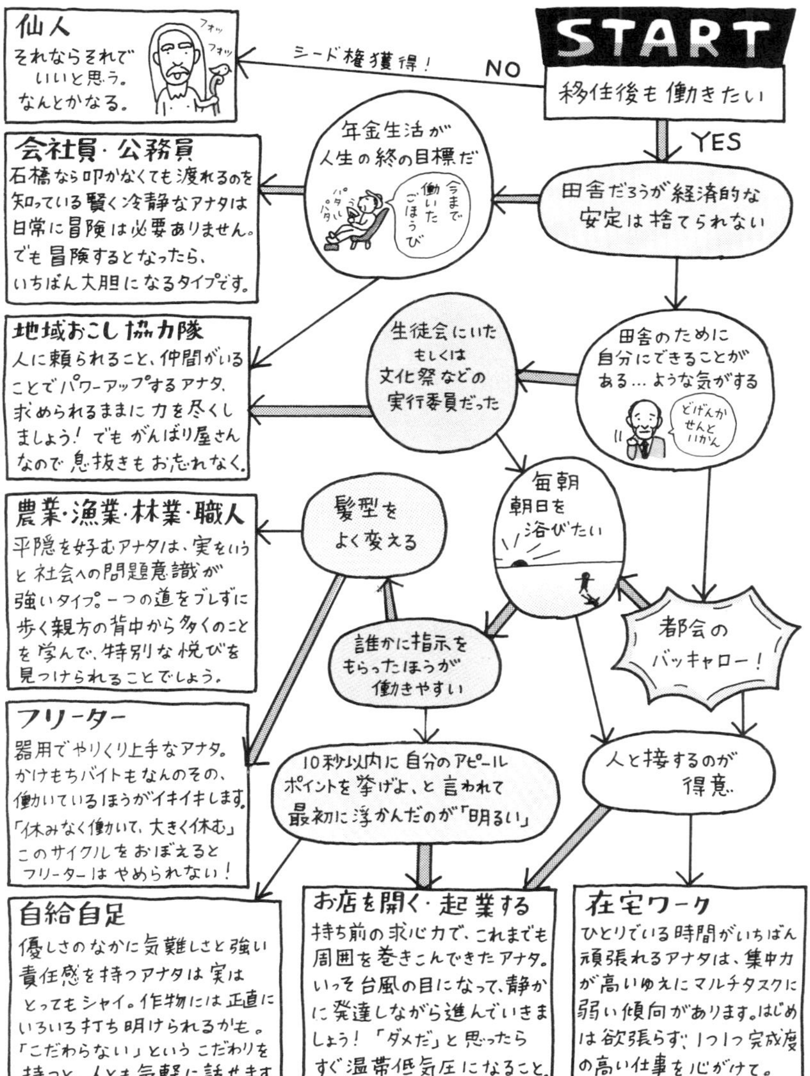

COLUMN
田舎暮らしのエトセトラ
3

移住先で役立つ！ お仕事探しのヒント

現地に行かなくても仕事が探せる時代。ネットってすごい。もちろん本気でやろうと思ったら足を運ぶべきだけど、まずはどんな募集があるのかを知り、理想と擦り合わせてみてほしい。そしてネットに載らない求人もたくさんあることも忘れないで。

47都道府県 移住サイト

驚くなかれ、47都道府県すべてに移住関連サイトが存在するのだ！
気になる都道府県のサイトにアクセスすれば、市町村の移住関連サイトへのリンクがズラリ。空き家、求人、支援情報はもちろん、移住者の体験記などサイトに力を入れている自治体も少なくない。
細かいエリアまで絞れていないけど、大きなエリアではなんとなく…という人はまずは大まかな地域の様子を見比べてみるといいだろう。

ハローワーク

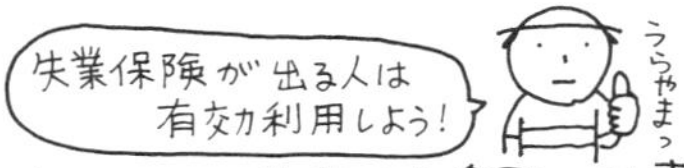

仕事探しといえば、ハローワーク。サイトから全国の仕事探しができる。
移住関連サイトは地域にたずさわる仕事がほとんどなので、就職希望者や会社勤めを探すのであれば、こちらのほうがいい。
写真などは少ないが、条件や収入などが具体的である分、現実的に探しやすい。

転職エージェント

「田舎」の仕事は多くはないが、希望に沿った仕事を探してくれるので効率的ではある。自分だけではたどり着けない情報にめぐり合えそうだ。

フランチャイズ起業

何のノウハウがなくても、フランチャイズなら起業するまでサポートしてくれる。
「やりたい業種」よりも、移住先で求められている業種を選ぶのが成功のカギ。

移住ポータルサイト

各自治体へのリンクをはじめ、移住イベントの情報、体験記や移住のコツ、移住希望者が欲しい情報をまとめて見ることができるポータルサイトが複数ある。なかでも「JOIN（ニッポン移住・交流ナビ）」「自治体クリップ」は、サイトとしても見やすく、独自コンテンツも充実している。素敵な写真ばかりで、こんな私でも夢がふくらんでしまう。とりあえず、一度のぞいて妄想してみよう。

第2章
田舎の家さがし

田舎の家はご縁が9割
もぉしもぉ〜あたしが〜いいえを〜建てたなぁらぁ〜♪
ちぃさなぁいぃえ〜を〜
家探し！
仕事探しと同じくらい迷いますよね
中年のひとり暮らしどんなエリア、どんな家がいいでしょう
こいぬの横には〜あなした〜あなた〜〜♪
田舎のでのひとり暮らしにとって最大の難関は集合住宅が少ないこと
工場や大学の近くにはある場合が多い
公営住宅はほぼ独身不可
いえの外にはぼぉやが遊び〜〜♪

そうすると
一戸建てとなりますが
これもそう多くは
出回りません
「空き家」が
田舎の大きな問題に
なっているのに不思議です
いくら住んでなくても
他人に貸したくない
という人が多いんです
それは閉鎖的な
田舎の体質…
ではなくて
先祖代々の
この家を
どこの馬の
ほねかも
わからん
やつに
家に放置したままの
家財を片付けるのが
面倒なんですって
そりゃ
そーだ
ネットに掲載
されている物件は他人に
貸せる状態にした家
だからちょっと
家賃はお高め

現地の不動産屋さんに直接行くと、ネットには載らない〝事情《ワケ》あり物件〟があることがあります
こちらは雨もりをご自身で直してくだされば
この3LDKは2部屋に大家さんの家財道具が…
おもに「入居者がやってくれたら貸してもいい」という物件
この大家さんいい人だから、きっと協力してくれますよ
田舎の不動産屋さんは地元密着情報が心強い
ほら、娘さんはさ結婚してアメリカに行っちゃったじゃないで、孫がさ…
でも個人情報おおらか
知らんし‥
こういう物件は快適に住めるまで労力はかかりますが家賃は割安です

決まった不動産屋さんにだけ仲介を頼んでいる大家さんが多いので複数の不動産屋さんを当たってみましょう
そう何軒もないと思うのでしらみつぶしに巡ってみよう
いなか不動産
リゾート不動産
近隣の市町村まで足を延ばしてみるのもおすすめ
町役場・市役所を訪れてみるのもお忘れなく
いなか町役場
自治体によっては空き家を回収して貸し出していたり家賃補助を出してくれるところもあります
地域課
「空き家バンク」登録します？
ネットでも見られます
最近では地域活性のために空き家リノベーションをする若者たちの活動も耳にします
ある物を活用して貸すほうも借りるほうもハッピーないい活動だと思います
あとは口コミ
要するにコネクション

誰かの紹介で見つかるパターンはとても多い
んー
とはいえ最初からそんな話が舞いこまないだろうからハードル高めかな
縁ができたら「家をくれた」なんて話もあります
あれやるよ
ええっ
家賃相場は一戸建てで1〜8万円くらい
建物の程度と大家さんのサジ加減♪
1〜2万円台は修繕は必須
8万円台ならログハウスも
集合住宅のほうが狭くて高いことも
そのぶん管理はラク
すごい安いのでも古い1Kアパートで3〜4万円台から
どちらにしても選択肢がいくらでもある都会とはちがいます
気に入った物件が見つかったタイミングが「移住」のタイミングともいえるかも
住みたい地域に何度か足を運ぶうちにご縁ができていい物件が見つかるなんて話をよく聞きますよ

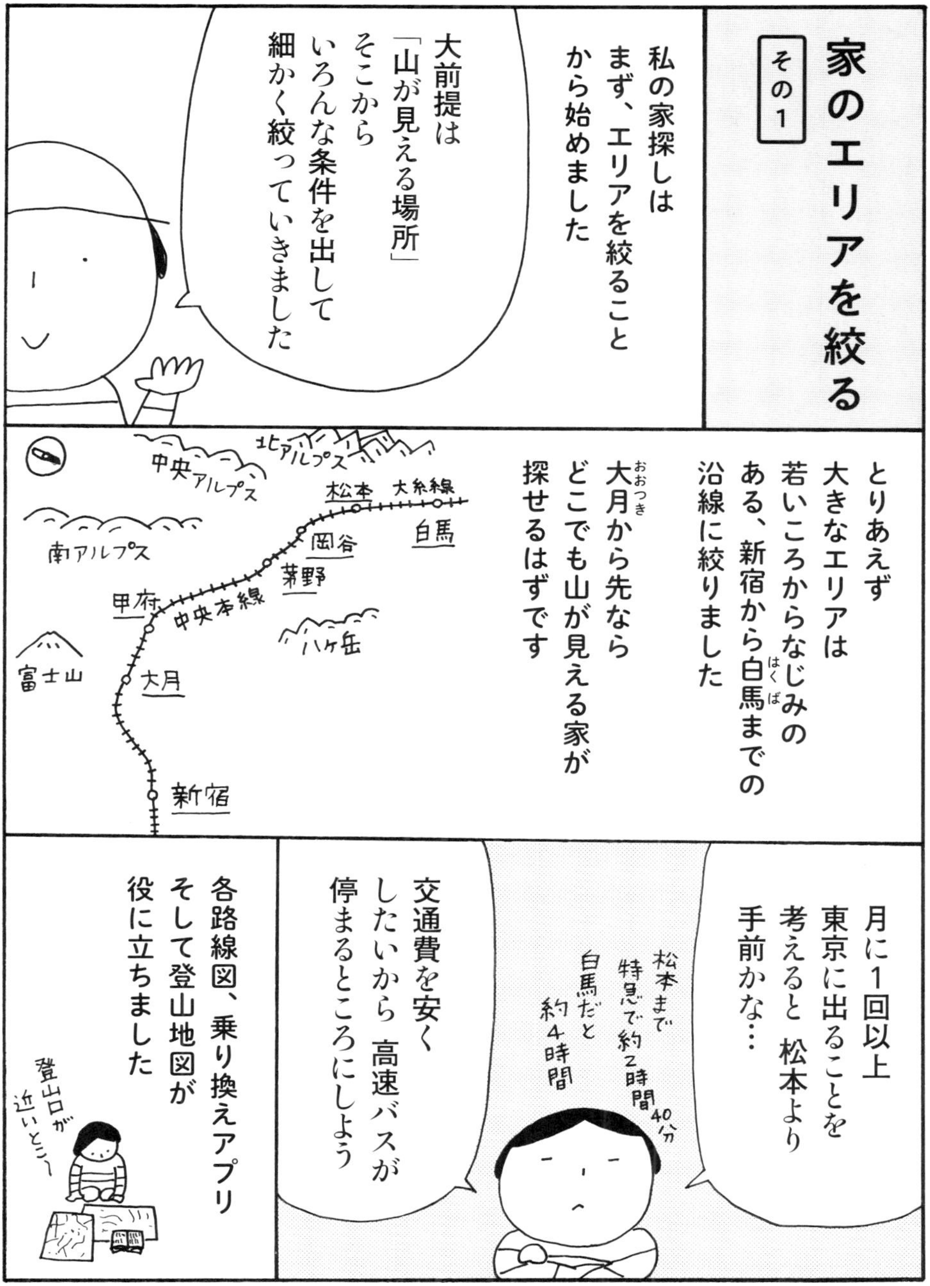
家のエリアを絞る
その1
私の家探しは まず、エリアを絞ることから始めました
大前提は「山が見える場所」そこから いろんな条件を出して細かく絞っていきました
とりあえず大きなエリアは若いころからなじみのある、新宿から白馬《はくば》までの沿線に絞りました
大月《おおつき》から先ならどこでも山が見える家が探せるはずです
北アルプス
中央アルプス
松本
大糸線
白馬
岡谷
南アルプス
茅野
甲府
中央本線
八ヶ岳
富士山
大月
新宿
月に1回以上東京に出ることを考えると 松本より手前かな…
松本まで特急で約2時間40分
白馬だと約4時間
交通費を安くしたいから 高速バスが停まるところにしよう
各路線図、乗り換えアプリ そして登山地図が役に立ちました
登山口が近いとこ〜

留守が多いので
アパートかマンションを
考えていました
一度も一戸建てに
住んだことがないので
いわゆる「田舎暮らし」は
躊躇《ちゅうちょ》していました
それにくわえて
ペーパードライバー
「田舎」は
車がいるからなぁ
それに近所付き合い
大変っていうし
一戸建てなんて
こわくない？
ほら、だって
ひとり暮らし
じゃなーい？
都会育ち
だしぃー
あら、それは
お忘れだった
かしら
？
自分には無理かなと
思っていました
しかし、物件を
リサーチしてみると
意外と
高いのね…
予算
5万円以内

急にお母さんに
なにかあったときとか
〆切ギリギリで
原稿を自分で届ける
ってなったときのために
東京まで3時間は
切りたいな…
終電・終バスの
時間も
調べておこう
あとは…
空港に行く
仕事も多いから
空港行きのバスが
あるところがいいな
あとは…
目下、
自分の行かなくては
ならない場所を
なるべくラクに
つなげられるように
考えていくと
グッとエリアが絞られて
いきました
山
空港
温泉
東京
母
そうすると、
甲府周辺か！
特急で
約1時間半
そう、実は最初は
「田舎」ではなく
「郊外」に目星を
つけていたんです
飲み屋も
あるしね
南アルプス
行きまくり
か…
ぎゅう

駅から離れたら安くなるかな？
あーアパートないかー
しかし予算と現実のギャップに悩む日々
そんなある日——
住んでほしい家があるんだけど
えっ!?
甲府市のとなりのとなりにある北杜《ほくと》市の知人から声をかけられました
なんでも、近所の方がしばらく住めない家を誰かに借りてほしいと言っているとか
甲府あたりで探してるっていうじゃない？
よかったー
大丈夫、大丈夫 近くにはボクらもいるし車がないのもフォローするよ
北杜にいらっしゃいよ
と、この顛末も既出の名著でどうぞ
私の場合は山でした！
そっ

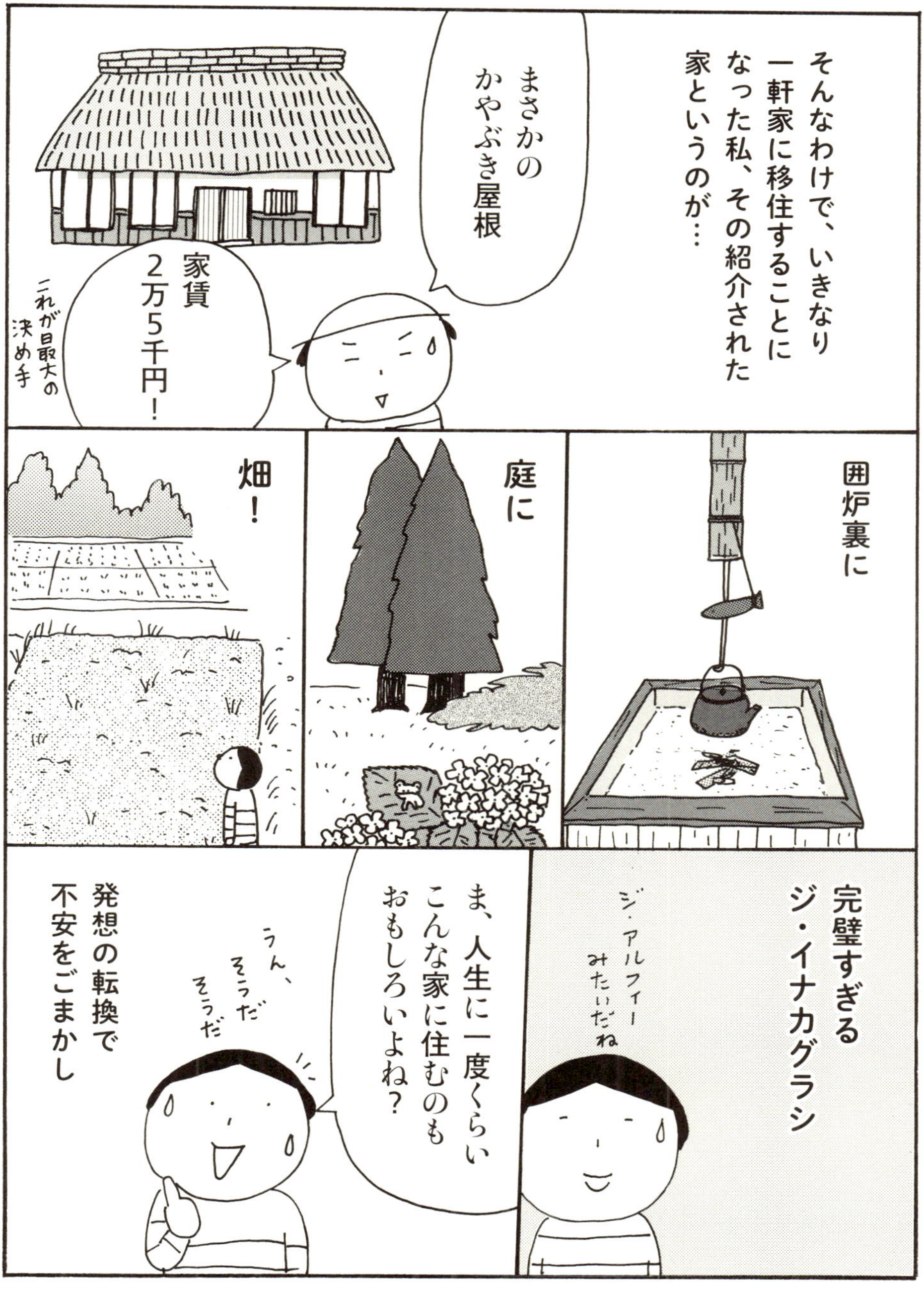
そんなわけで、いきなり一軒家に移住することになった私、その紹介された家というのが…
まさかのかやぶき屋根
家賃2万5千円！
これが最大の決め手
囲炉裏に
庭に
畑！
完璧すぎるジ・イナカグラシ
ジ・アルフィーみたいだね
ま、人生に一度くらいこんな家に住むのもおもしろいよね？
うん、そうだそうだ
発想の転換で不安をごまかし

家のなかで焚火できるってすごくない？薪は協力するよ
日照時間が長いから野菜もよく育つよ
夏は涼しいしサイコーだよ、ここ
急転直下であまりピンとこないけど…
がんばります
こんな暮らしを予定していなかったおかげか、不思議と、客観的に「田舎暮らし」を考察する自分がいました
この暮らしで自分がどう変わるかを試していたフシもあったかも
ユーチューバーなら「田舎暮らししてみたっ」みたいなかんじかしら
そんな私が8年間で導きだした物件選びのポイント
中年独身者がムリなく田舎暮らしをするには「立地」がキモそれをこれから紹介させてくださーい

家のエリアを絞る
その2
海の近く？
田畑に囲まれた山村？
高原や森のなか？
場所によって気候もちがいますよね
一年中温暖
薄着がいい
冬は雪
寒いのがスキ
湿度高め
くせ毛が困る
日本は南北に長く日本海側、太平洋側また内陸部でも四季にそれぞれの特色があります
エリア選びのまず第一歩
自分の好きな景色があり体に合う気候のエリアに大きく絞ってみましょう

そして、
考えてほしいのが
「車」を持つかどうか
忘れてはいけないのは
「ひとり暮らし」
ということ
つまり、足は自分のみ、
送り迎えしてくれる人が
いないことです
ザ
ザ
ザ
駅
それは、都会でも
同じことではありますが…
田舎だと、生活圏が
都会に比べて、かなり広く
公共交通も発達している
とは限りません
正直、車かバイクが
ないとしんどいと
思います
毎日の生活はもとより
もし急用で出かけるときにも
「徒歩」しか手段が
ないのは心配です
すごい
走れる人？
車がない場合、
路線バスやコミュニティ
バスを利用することに
なりますが
いなか交通

現実問題、このようなバスが運行していない田舎のほうが多いのでは
あったとしても本数は少なく終バスも早い
仕事があるとその時刻表に合わせるのはなかなかのタイムロスになります
田舎の高齢者が運転免許返納できないのもわかるなぁ…
どこにも行けないよ…
車がないと、エリア選びも限定されてしまいますぜひ前向きにご検討を
私も結局半年後に購入しました（予定外の出費）
車の有無にかかわらず4～5キロ圏内に「駅」があるのがおすすめ
徒歩1時間圏内
たまにしかこない列車の駅でも長距離バスでも島なら港でもいいですそこから街につながっていることが大事です
この先には街が!!
そんな駅が移動手段が断たれたときのために、歩いてなんとかなる距離にあるのがポイント
今、タクシー出払っちゃってるよー
あれっエンジンが!?

なぜ、街につながっている路線が必要なのかというと
田舎からの逃げ道
一時避難経路を確保しておきたいからです
どんなにそこが気に入って移住したとしても環境の変化はじわじわ中年を疲れさせます
もしかして田舎に合ってないのかなぁ…
ちょっとじぼうじき
ちょっとホームシック
お友だちと会いたいよぉ…
こんなときに実家や友人、あるいは自分が気分転換できる場所にアクセスしやすければ安心です
過去のどんなことからも離れたいと思っての移住なら逆かな
そういう場所がつかず離れずの距離や時間にあるエリアがいいでしょう

私は在宅ワークなので何日も誰ともしゃべらないことがあります
おや、行き詰まった誰かとしゃべって発散したいかも
しーん
っていってもー
あの家に遊びに行ってみる?いや、今からじゃ迷惑か…
子供もいるしな
家庭にお邪魔してもなんか気を遣うしな
中年独女がしゃべりたいのは中年独女
ひとりじゃ飲みにも行けないしーー
車だしー
そんなときの一時避難でどれだけ救われたことか
はー満足早く田舎に帰ろ
プハー

みなさんもそろそろ頭に思い浮かんだエリアがあるのでは
もしご実家が田舎にあるなら、その周辺も候補にしてはいかがでしょうか
家族の事情はおいておいてですけど
身寄りがある
イエーイ
イエーイ
母
兄
昔なじみがいる
帰ってくれば？
土地勘がある
シマムラ
スーパー
親喜ぶ
イエーイ
イエーイ
父
全然知らないエリアにひとりで飛び込むよりずっとラクじゃないかしら
それもぜひ検討してほしい
とりあえずエリア選びのポイントのおさらいです
❶好きな景色合う気候であること
❷なんとか歩ける距離に駅があること
❸逃げこめる場所から遠ざかりすぎないこと

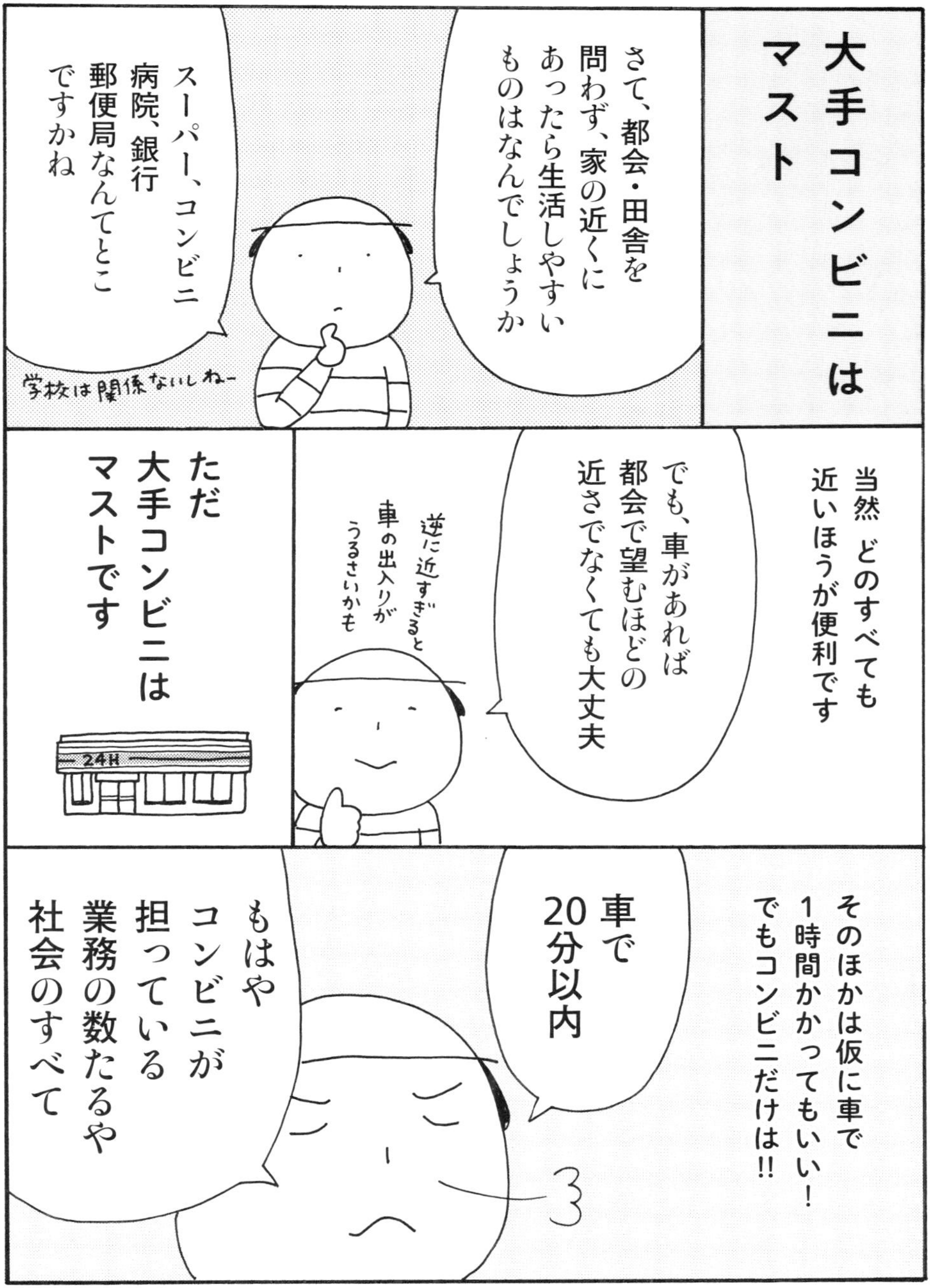
大手コンビニはマスト
さて、都会・田舎を問わず、家の近くにあったら生活しやすいものはなんでしょうか
スーパー、コンビニ病院、銀行郵便局なんてとこですかね
学校は関係ないしねー
当然 どのすべても近いほうが便利です
でも、車があれば都会で望むほどの近さでなくても大丈夫
逆に近すぎると車の出入りがうるさいかも
ただ大手コンビニはマストです
24H
そのほかは仮に車で1時間かかってもいい！でもコンビニだけは!!
車で20分以内
もはやコンビニが担っている業務の数たるや社会のすべて

食材、酒、本、雑誌、ATM、公共料金の支払い、宅配便、郵便、おでん、スイーツ、お弁当、チケットサービス、コピー、ファックス、トイレ、通販の取次ぎ、たばこ…
24H
一軒でなんでもできる!
スゴない?マジで
しかも時間を問わず!
本当に田舎のコンビニほどありがたいものはないですよ
ドラッグストアの日用品や家電、洋服…いまや通販できるものばかり
しかも、店頭より安かったりして
ポチッ
市町村内に宅配便の営業所がないと、指定の日時に届かないことがあるので 頻繁に利用するなら必要条件に
昨日指定だね
北杜市
853
備考
7月23日 午前
どこもドライバーさんが少ないのか、だいたい決まった人が来てくれるのは安心でした
わー鈴木さんこれー
クロネコさんいつもありがとー

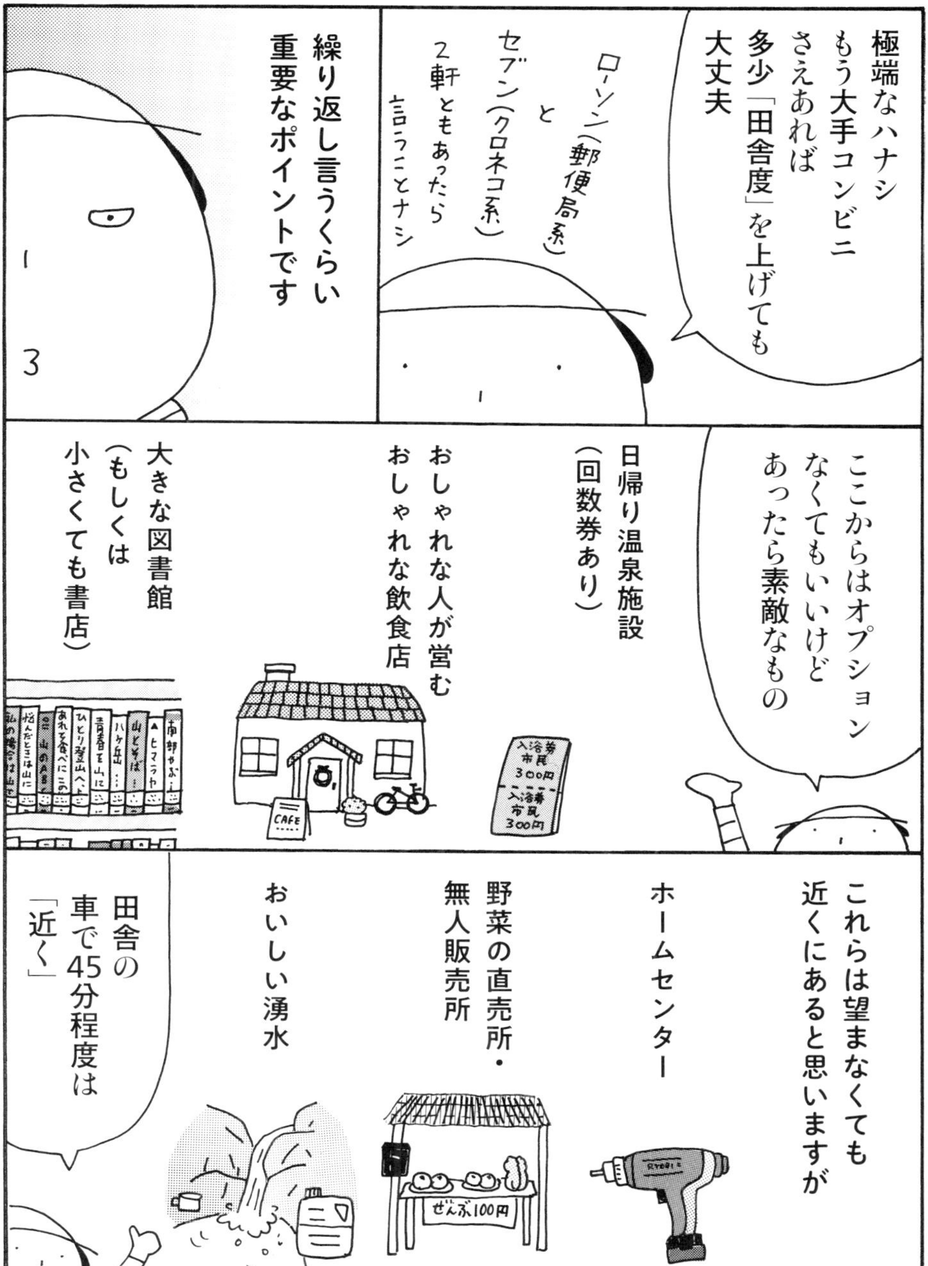

極端なハナシ もう大手コンビニ さえあれば 多少「田舎度」を上げても 大丈夫
ローソン(郵便局系) と セブン(クロネコ系) 2軒ともあったら 言うことナシ
繰り返し言うくらい 重要なポイントです
ここからはオプション なくてもいいけど あったら素敵なもの
日帰り温泉施設 (回数券あり)
入浴券 市民 300円
おしゃれな人が営む おしゃれな飲食店
CAFE
大きな図書館 (もしくは 小さくても書店)
これらは望まなくても 近くにあると思いますが
ホームセンター
野菜の直売所・無人販売所
ぜんぶ100円
おいしい湧水
田舎の 車で45分程度は 「近く」

これ以上望むと
「郊外」レベルかな
周りになにもない
「田舎暮らし」にも
憧れますが
仕事を持つ中年独身者は
このくらいの便利に
甘えたほうが
無理がないと思います
だって、どこに行くのも
都会のように短時間で
すみませんから
自分が通う場所が
最低限苦にならない
範囲内に
揃っていたほうがいい
あとは、仕事の都合を
考慮すれば、ググッと
エリアが絞られる
でしょう
思っていたより
「田舎度」が低め
だったでしょうか？
でも、昔話にあるような
「田舎」のほうが
めずらしくなってきた
かもしれませんね
みんなちがうんだろうなー
現時点でみなさんが
どこに目星をつけているのか
聞いてみたい…！

家のメンテナンス
家選びは最低でも移住した日から雨風がしのげる物件がいいと思います
ヒュ
移住前後に時間の余裕があれば修繕しながらというのもアリですが…
それがしたくての移住とかね
素人はプロの技術かマンパワーにあてがないと途方に暮れることになるでしょう
移住から2年もうテントでいい
湿気を含んだ木造住宅はカビや虫の発生の面でもおすすめできません
水回りはもちろん天井裏、軒下、押入れ、げた箱などに水のしみやカビの跡がないかは要チェックです
空き家期間が長い物件は特に

田舎物件に限らず日当たりと風通しは大切なポイント
庭木がうっそうとしているとそのどちらにも悪影響です
大家さんに相談するか、造園屋さんを頼んで、はじめにすっきりさせてもらったほうがいいですよ
森には森の湿気問題
海には海の塩害問題
サビ
サビ
谷には谷の冷気問題
平野には平野の強風問題
それぞれの立地ごとになにかしらはあると思うんですよね
でもその環境に合った暮らし方のテクニックがあるのでご近所さんたちに聞いてみましょう
逆にそれがいいほうに作用することもありますから
山のモイスチャー

また、立地面で言うと
大声が届く範囲に
となりの家があると
安心感があります
田舎といっても
物騒なこともありますから
おとなりが定住していると
心強いです
夜、帰宅したとき
おとなりの灯りがなく
通り過ぎてしまったのは
一回ではありません
外灯なんてないさ
都会では
わずらわしく感じる
家の前の人通りが
ありがたく感じることも
おーい すずきさーん
どうもです
そして、雪国の場合
除雪車がどこまで入るか
確認しましょう
近くまで入るのがベター
自分で除雪する距離が長いと大変です
雪おろしが必要な
屋根の家は
ひとり暮らし向けとは
いえません

雪かきの例も
ありますが、広い敷地は
ひとりの手には
負えないと思うんですよ
我が家は400坪もあって
夏の草刈りは
日々の悩みでした
10日前刈った
3日前刈った
草に追われてる？
雑草の種&虫が
ご近所の迷惑になる
ことがあるので
これぱっかりはマストマター
近くに畑があれば
とくにマター
ハチの巣を作られたり
ヘビが隠れやすかったり
自分の家だけなら
草に埋もれても
いいんですけどね…
一見テンションの上がる
広い家、高い天井もご一考を
冬、家を
あたためきれません
ええ〜
ひとりだから
なんですよ
私は冬になると
家具を集結させて
ワンルームにしていました
仕事机
ダイニング
キッチン
ベッド

暑さよりも寒さ対策はまえもって準備しておきましょう
暖房器具がなんであるかで光熱費に大きく響きます
薪
ガス
灯油
電気
まあ、時間と手間がかかるほど安くあげられるという法則ですね
ほかのことでも共通することが多い
安
高
ON/OFF
ピッ
ガスは都市ガスとプロパンガスがありますが都市ガスのほうが断然安い
プロパン
LPガス
灯油給湯も多い
ケチな私は燃料節約のために超厚着してましたよぉ
南極観測隊ばりに

設備面だと
トイレは気になるポイントですよね
やはり、水洗がベストですかね
水洗以外の選択だと――
簡易水洗
水で流して外のタンクに溜めるタイプ
くみとり式
いわゆるポットン
木の葉
トイレがない場合、いい肥料にもなる
非水洗のトイレがまれに母屋から離れている物件もあります
急げ!
上下水道管を引きこんだり移動させるのは高額なのでできれば元々配管されている物件がいいでしょう
自分のだし♥
ひとり分くらいなら水洗じゃなくても…ね?
個人的な好みだとトイレとお風呂に小さくていいので窓がほしいです
水回りはとくに湿気がこもりがち…へっ
へっ…
へっ…
しかしどうして田舎の家の水回りってあんなに寒いのかしら
へっくしょい

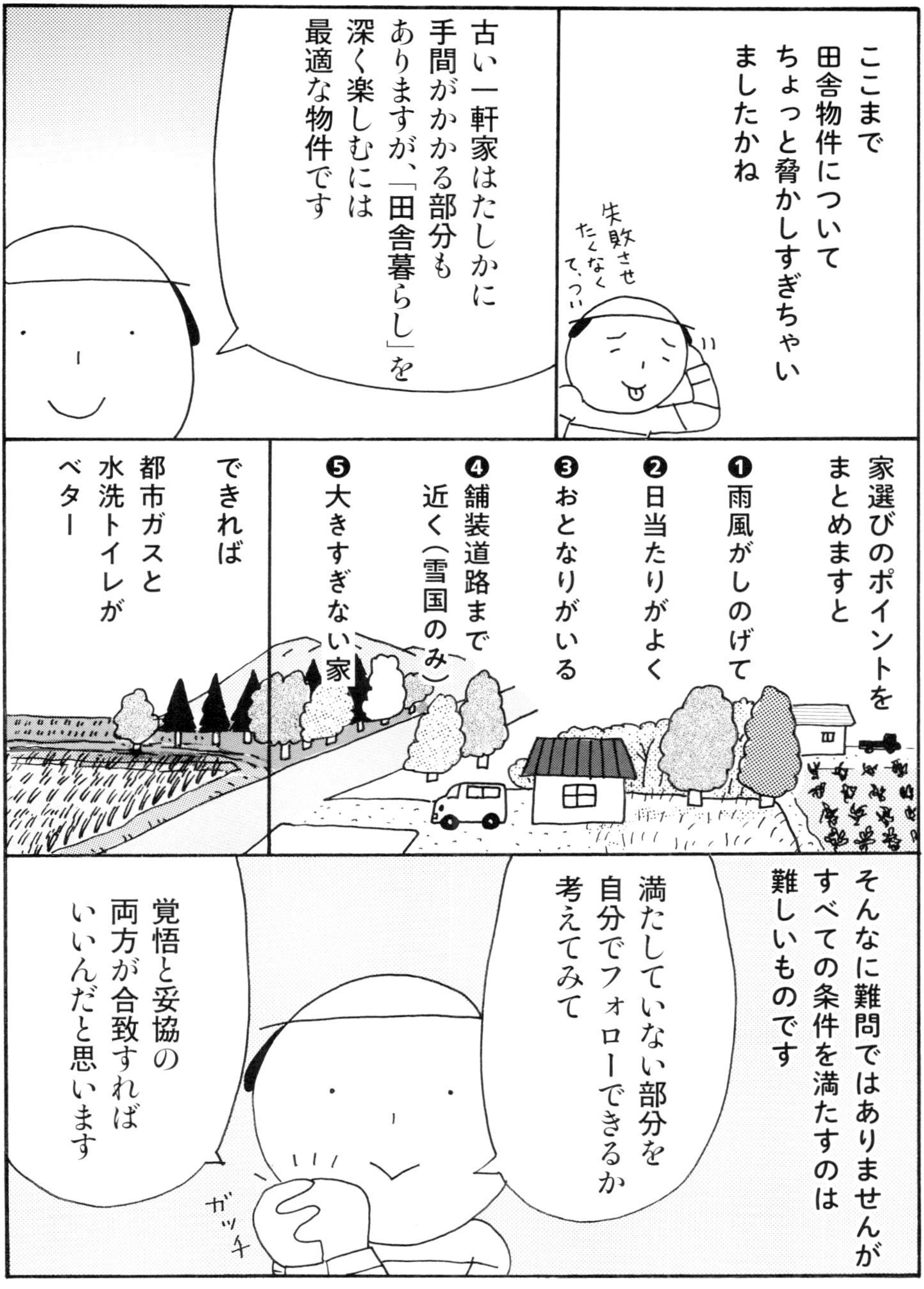

ここまで田舎物件についてちょっと脅かしすぎちゃいましたかね
失敗させたくなくて、つい
古い一軒家はたしかに手間がかかる部分もありますが、「田舎暮らし」を深く楽しむには最適な物件です
家選びのポイントをまとめますと
❶雨風がしのげて
❷日当たりがよく
❸おとなりがいる
❹舗装道路まで近く（雪国のみ）
❺大きすぎない家
できれば都市ガスと水洗トイレがベター
そんなに難問ではありませんがすべての条件を満たすのは難しいものです
満たしていない部分を自分でフォローできるか考えてみて
覚悟と妥協の両方が合致すればいいんだと思います
ガッチ

「とりあえず郊外移住」のススメ
中年独身のための家探しのポイントいかがでしたか？
やっぱり都会のアパート・マンション探しとはひと味ちがいますよね
どこかにお出かけの際は車や電車の車窓から「ここに住んだらどんなかんじかな？」と想像してみると「移住」のセンスが磨かれていくと思います
仕事は？
住みやすい？
水もおいしいし
このへんの食べもの好み～
ご自分が移住に求めている条件も見えてくるでしょう
移住は決意したけど家が見つからない——
ひとりで一戸建てに住むのは心配——
そんな方におすすめしたい移住のカタチ
「とりあえず郊外移住」
第1希望 田舎
でも 郊外

移住希望エリアに近い「郊外」に住みながらゆっくり家を探す
週末家探し
片道1時間
「郊外」の集合住宅に住み、近くの田舎に遊びに通う
週末スキー
片道1時間
好きな場所が近くになるだけでも、移住する価値があるってもんです
そのうちに田舎に移住する準備ができたらすればいいし、「郊外」が合っているならそのままでもいいでしょうし
こうしたステップは心配性の人や家族移住にもおすすめです
とくに家族の誰かが乗り気ではないときとか？
田舎はイヤ
もしくは
「二拠点移住」
田舎も
都会も

いわゆる「別荘」です
「別荘」というと
お金持ちの道楽の
ように聞こえるかも
しれませんが
そんなことはありません
バンガロー
ログハウス
リゾート
マンション
別荘も空き家が
増えてきて、安く
売り出されることが
多くなりました
定住者も多い
現在の家も仕事も
そのままで
「休日ハウス」として
田舎暮らしを
試してみたり
仕事によっては
季節や気分で居場所を
スイッチ
ただし、週末だけの
頻度だと、家の面倒で
つぶれてしまうかも
いい気分転換
だけどね
そこで友人たちと
家賃も管理も
シェアして、お互いの
負担を減らすというのも
いいですね
月の半分くらい
風を通せば
家も喜ぶと思います

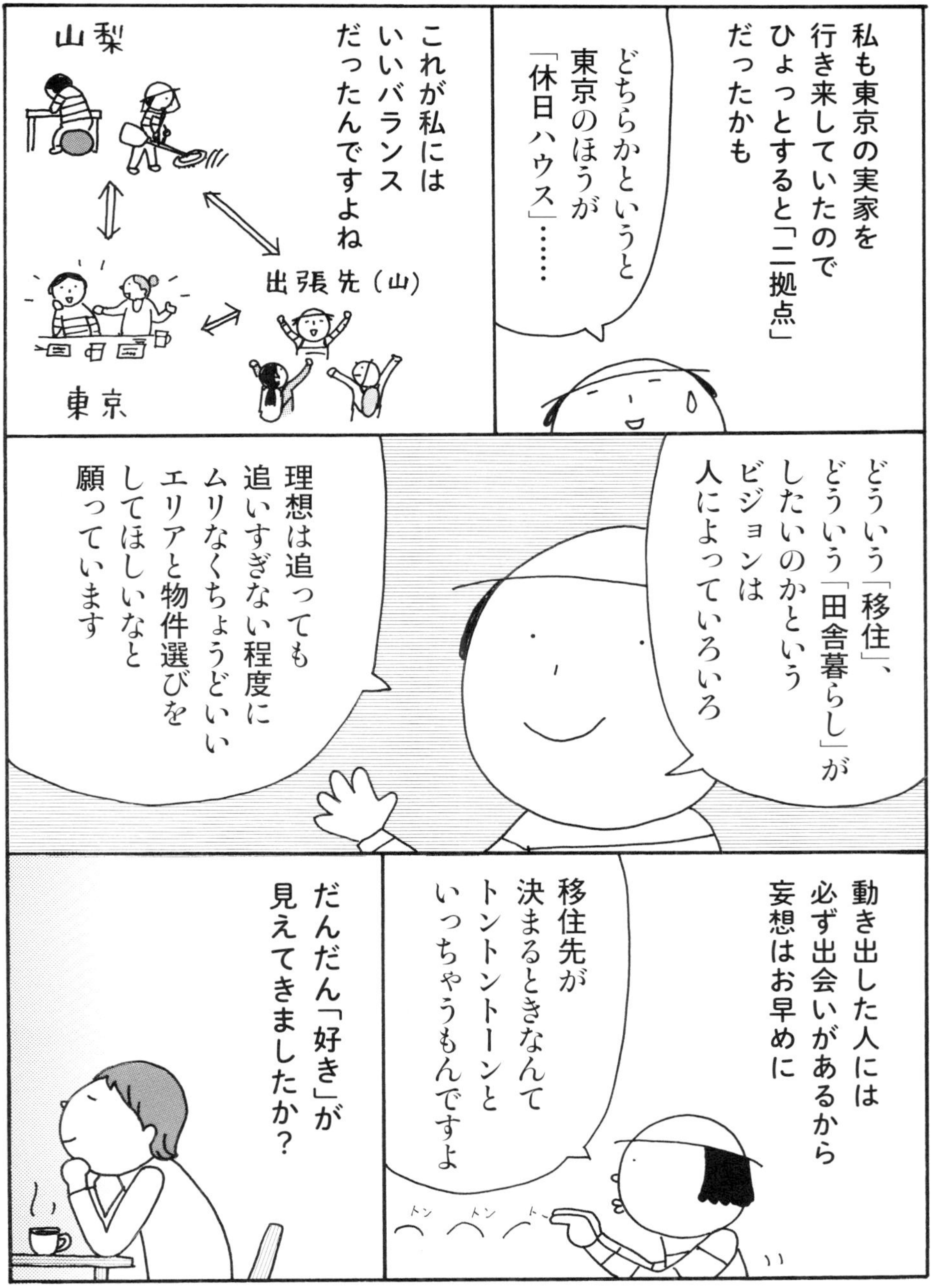
私も東京の実家を行き来していたのでひょっとすると「二拠点」だったかも
どちらかというと東京のほうが「休日ハウス」……
これが私にはいいバランスだったんですよね
山梨
出張先（山）
東京
どういう「移住」、どういう「田舎暮らし」がしたいのかというビジョンは人によっていろいろ
理想は追っても追いすぎない程度にムリなくちょうどいいエリアと物件選びをしてほしいなと願っています
動き出した人には必ず出会いがあるから妄想はお早めに
移住先が決まるときなんてトントントーンといっちゃうもんですよ
トン
トン
トー
だんだん「好き」が見えてきましたか？

COLUMN
田舎暮らしのエトセトラ 4

田舎の家“あるある”

安い家賃で広い家に住めるなんて夢のよう! ではあるが、都会の物件にはない刺激的な部分も多い。でも、そこが田舎暮らしの醍醐味だぜ。

やたらに広い

2〜3世代で暮らしていた家が多いのだと思うが、親せきが集まる機会も多かったのだろう。ひとりには広すぎる家ばかり。ぜいたくなことだが、使わない部屋があるのは何か怖い。集合住宅しか住んだことがなかった私は、四方八方に窓があるのも最初は怖かった。

敷地にシビア

昔ながらの住人は敷地の境界線に詳しく、そしてきびしい。草刈りも自分の敷地内しかやらない。私が「ついでに」ととなりの敷地まで草を刈ってもいい顔はされない。でもその境界線は伝言ゲームほどの不確かさで、実際は違うことも多かったりもするのだが。

すき間風

築浅でなければ、窓を閉め忘れたかのような風が家のなかに吹くのはザラだ。通気性がいいおかげか、心もオープンになったような気がする。これに慣れてしまうと鉄筋の新築物件で窓が閉めきられようものなら、耳が気圧でヘンになる。

線路沿いでも

都会で線路沿いに住むのは、なるべく避けたいところだが、田舎ならそれほど不快ではない。通過音は鳩時計だと思っておけばいい。車両も短いし、終電も早い。しかし、新幹線、特急の路線だと状況が違うので注意だ。ちなみに高速道路は終日うるさい。

庭に粗大ゴミ

なぞの粗大ゴミが庭に潜んでいることがある。よその家を見てもある。よくあるのが風呂桶、あとは車。新しくしたときにとりあえず何かに使えるかもと置いておいたのだろうか。我が家には風呂桶、和式便器、発電機がツタに絡まっていた。

風呂は命がけ

温暖な地域では別かもしれないが、風呂場・脱衣所が通年で暑かったことがなかった。夏はいいとして、冬に裸になるのは命がけ。気温差でぶっ倒れそうになる。寒冷地に住むなら、暖房器具を入れることをおすすめする。ひとりならなおさら深刻だ。

第3章

田舎暮らし悲喜こもごも

村八分って知ってる？
移住してからのこともいろいろ気になりますよね
ここからは私の実体験をお送りします
例えば近所付き合い
都会からだと空気がおいしく感じませんか？買い物とか困ったら聞いてね〜
移住者の多いエリアだと比較的コミュニティに入りやすいと聞きます
私のときもそうだったよ〜
でも、移住者が少ないエリアが入りにくいのかというと——
こんな田舎になんでまた？
表現の方法にちがいは感じますが
案外歓迎してくれていると思います
ただシャイなだけ
怒ってる？

私が入った集落は地元出身者が多く、移住者は、定年後移住の方が全体の3分の1
こんにちは班長のNです。ゴミ捨てとか行事の説明にきました！
ガラッ
あ、昨日入居した鈴木です
へー、東京から？ボクも以前は東京の会社に勤めていたんですよ
ここは自然がたくさんあっていいところでしょう
はい！
私は山が好きでし
でね、鈴木さん
村八分って知ってる？
ム？

村八分って…
えっと…えっと…
仲間から ハブられるとか ですよね…
村人の冠婚葬祭まで付き合うのが十分《じゅうぶ》の付き合い。それを抜きに付き合うのが八分の付き合いっていうんだって
で…
鈴木さんは十分と八分、どっちのつもり?
ひえー、どうしようすっごいこわいんですけどー!!
じゅ…じゅうぶで…
この答え方が正解なのかもわからん
はい、わかりましたそうしたら、そのように何かあったら連絡しますからね
は、はい
よろしく…お願いします…
田舎、なじめるかしら 私?

そのあとは その話題に
なることなく進みました
4月に総会、
5月に消防訓練、
6月にゴミ拾い
8月は草刈り
10月は運動会…
けっこうたくさん
あるんですね
鈴木さん、独身?
はい
じゃあ世帯主って
ことだから 行事は
必ず参加してね
不参加のときは
早目に
ボクに
うわ、たいへん
この家…ひとりじゃ
広すぎない?
かやぶき
なんて…
あっと…
一度も、なの?
いくつだっけ?
38です
…そう
で、
次は…
なにか
言って…

こんにちはー となりに越してきた 鈴木ですー
インターホンが ないお宅が多い
はいはい 田中です ごくろうさま
はじめ まして~!
38歳でひとりでしょ でも気楽で うらやましいじゃん
もう 伝わっているぅ
お仕事は、 イラスト… イラストレー?
トレー?
登山の コミック エッセイを…
コミック… エセー?
?
ええっと、 マンガで登山の ことを描いていて…
っていっても 週刊少年誌とかでは… ああ、じゃあ マンガ家でいいです
よろしく です…
伝わってない 気がするぅ

班長さんのアドバイスもあり見える限りの家にはすべてごあいさつに――
ごめんくださーい
ドンドン
鈴木さんね、東京からのマンガ家の
よろしく～
斉藤さんの紹介で入った、山好きなんだって？
ボクも昔はね…
うちの娘も38歳なのよ！
うちは結婚して名古屋に孫は2人よ
お見合いには興味ある？
持ってきてあげよーか？いるわよ、50代未婚
田舎の伝達速度はのんびりしてなぁい
ええ、はあ…
集落では若いほうだし東京からというのも、カタカナ職業も女ひとりでというのも珍獣並みだったようです
おはよーほうれん草持ってきたよー
ガガラッ
07:30

おーい
回覧板だよ
ガラララ
08:00
おはよう
ございます
ヤマトでーす
ガラッ
08:50
お…
おはようございますぅ
田舎の朝は早く
毎朝のように
誰かしらやってくる
えー
まだ寝てたの?
ええ、はい
昨夜仕事で
遅くて…
夜型の私には
つらい寝起きドッキリ
今日も
がんばろー
オ
しかし、日を追うごとに
来客が減り、
ご近所さんが疎遠に……
ガラッ
あ、回覧板…
回覧
POST
「鈴木さんって
夜な夜な何を
しているのかしら」なんて
噂になってたりして…
マンガしか
描いてない
けど

そんなある日――
ポンッ
ごくろうさん 昨日も徹夜かい？ 締め切り大丈夫？
ちゃんと食べてる？ 野菜は畑から 勝手にとっていいから
？
編集者に給料を ごまかされたりする らしいじゃないか！
プンプン
？
何があった？ 何の話？
ちゃんと いただいて いるハズです…
「ゲゲゲ」で そう言ってたよ
げ？
聞けば、その時のNHK 朝ドラヒロインのモデルが 水木しげるの奥さま だったらしく
マンガ家って たいへんなのね
が、共通認識に！
田舎の朝ドラ視聴率 すっげーな
水木先生 ありがとう

なんだかそれ以降から
すんなりと暮らしやすく
なった気がします
おはよー
お、みきちゃん
今朝は早いね
えらい、えらい
早起きしただけで
ほめられる
ハハハ、
11時だけどね…
逆に恥ずかしいわ…
そんな私でも
寝坊助が許されないのが
年に2回の
一斉清掃
世帯から必ず1名は
参加しなくてはならないので
必然的に私です
ム〜ラ〜
ハ〜
チ〜
ブ〜
これに参加しないと
一年間言われ続けます
あ…
この間の
一斉清掃でさ
…鈴木さん
いなかったか
仕事で…
すみません…
なぜあんなに
気合いの入った行事なのか
いまだに不思議です
やるぜ
やるぜ

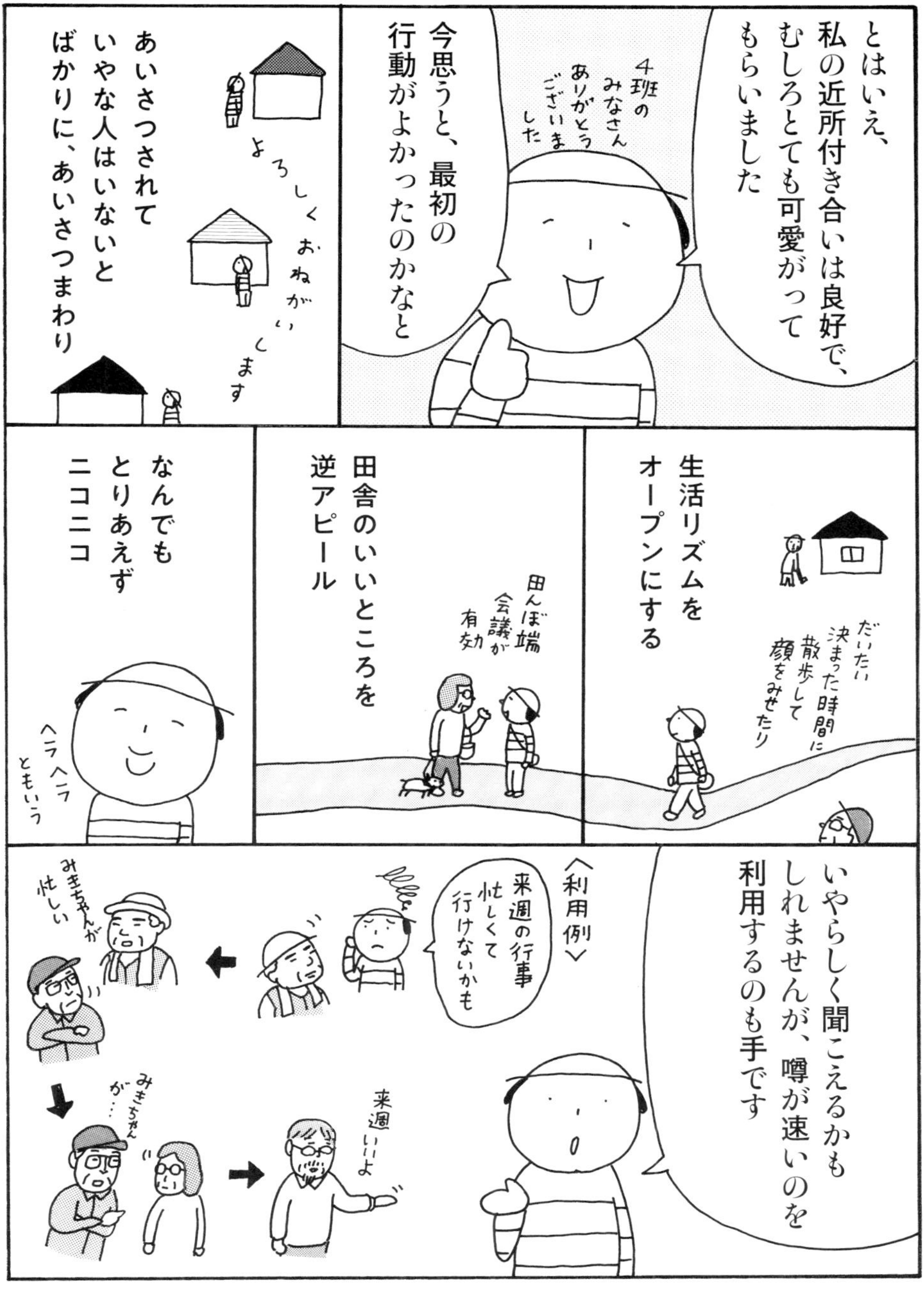
とはいえ、
私の近所付き合いは良好で、
むしろとても可愛がって
もらいました
4班のみなさんありがとうございました
今思うと、最初の
行動がよかったのかなと
あいさつされて
いやな人はいないと
ばかりに、あいさつまわり
よろしくおねがいします
生活リズムを
オープンにする
だいたい決まった時間に散歩して顔をみせたり
田舎のいいところを
逆アピール
田んぼ端会議が有効
なんでも
とりあえず
ニコニコ
ヘラヘラともいう
いやらしく聞こえるかも
しれませんが、噂が速いのを
利用するのも手です
〈利用例〉
来週の行事忙しくて行けないかも
みきちゃんが忙しい
みきちゃんが…
来週いいよ

お世辞を言う必要はありませんが、悪口は絶対にダメ、同調するのも避けたほうがいいです
いろんな人がいますねー
ところで昨日のサッカーみました？
↑悪口から逃げよう
長年住んで「悪態キャラ」で許されている人もいますが新参者は首をつっこまないこと
昔から… ああだから
へー
また、地区の総会などで「荒ぶるキャラ」もひとりくらいは現れると思うんですが
オレは反対 ぜったいイヤ！
じゃあどうすんだよー
あれはもう季節の風物詩
初年度は戸惑いましたが、それから毎年まったく同じドラマを観ることになりました
移住者が近所付き合いを良好に保つコツは
そこの土地ではいちばんの後輩だと思っておくことかな
教わる姿勢でいればみなさん本当になんでも喜んで教えてくれました

虫が出た！
田舎にはもうひとつの近所付き合いがあります
虫とか♡野生動物とか♡
ウフン
虫の類は苦手な人が多いかもしれませんね
私が住んでいたのは標高が高く、寒冷な気候だったので、蚊やハエ、ゴキブリは少ないほうだったと思います
室内、敷地内でよく見かけた虫の類は、チョウ、ガ、ハチ、クモ、アリ、アブ、バッタ、カマキリ、毛虫、カメムシ、イモ虫、ムカデ…
刺されたりして痛いとかかゆくなる虫もいますが8年間で蚊にしか刺されませんでした
彼ら？ものべつまくなしにおそってこないので見かけても焦らなくていいのかなぁって
毎日何百匹と部屋に入ってくることもなかったですしね
気候と網戸のおかげですかね？

それでもたまに入ってくるのは避けられません
おや、あなたどちらから？
退出してもらうにも苦手な人にとっては一大事
私は、手でつかめないときは、ティッシュか下敷きを使いましたね
床にいるお客様は下敷きで窓辺まで誘導して、すくってポイッ
そそっ
フライングムカデ〜
バイバイ
壁にいたり、飛び上がるお客様には大量のティッシュで包んでティッシュごとポイッ
ふあっ
アラジンバッタ〜
あとでティッシュを拾いにいく
最初はビビりまくってましたけど、住んでいるうちに上手にできるようになりました
むしろ虫が好きになっちゃった
いるのが当たり前になると嫌悪感が麻痺してくるのかも…
となりのアイツ、いやなヤツだけどいないといないでチョッピリさみしい…みたいな？

もう外にいるのはしょうがないじゃないですか、でも家のなか…そうですねぇ迷いこんだ小さな来客と思うしかないですねぇ
田舎に住むなら克服するしかないか
半年後には友達みたいに思えてきます、たぶん…
おはよーいい巣だね
野生動物も住むエリアで差がありますが基本的に姿を見ることは少ないと思います
あ、昨日シカ来たんだ？
動物が民家近くに現れるのは夜がメイン
ウィーアーヨルガタ
移住して初めての夏だったでしょうか私が寝ていると屋根裏から物音が…
こわいよー
こわいよー
カタッ
カタタタッ
風ではないな…何の音？
トンッ
トトトトト

なんかいる!?
何者!?
トトト
ガタガタ
ガタンッ
大工のカツオ兄に相談しにきた
ハクビシンかもなー
ハクビシン知っとる?
イタチみたいな
タヌキみたいな?
あと屋根裏だと
ヘビかネズミか…
イタチ?
みたいなやつ?
うんこされてるかもしれんね
タヌキとか
ハクビシンは
「溜め糞《グソ》」っていって
決まった場所でするけん

は?
なんですと?
一度屋根裏を見たほうがいいな
見よか?
フン尿が天井板にしみてくるから早めにな
ありがとと~
ボタッ
アハハハ 落ち込んでる
それからヤツは何度もやってきました
ガタンッ
ガタ
トッ
トトッ トト
悪気がないのはわかっているけどそうもいってられないし…
ドドトト
ドトトト
ガタ ガタッ
ガタ
ガタ
おのれぇ—
ゴトン
うるさーい
私がやらずに誰がやる
覚悟を決めて屋根裏に潜入
こわいよ~

出たっ！
あれが溜め糞《グソ》
ちょっと！
何年かけたら
こんなに溜まる
のよぉ
勝手に
人んちをトイレに
しないでよ もうっ！
ドン
おまえの
便意のせいで
寝不足なん
だっつーの
ザッ
ザッ
ザッ
怒りのパワーたるや
すごいもので
一心不乱に他人《ハクビシン》の
うんこを片付けました
こんな人生に
誰がした
同じ歳の
藤原紀香は
あんなかんじだって
ゆうのにさぁ！
あたしゃ
つなぎ着て
うんこだよ
わかる？
ザッ
ザッ
くそーっ!!
くそだけに。
おあとがよろしいようで
よろしくないわ
バカ！
ザッ ザッ

私だってね動物が好きなんですよ、ホント
ムツゴロウ王国で働きたかったくらい
でもね、自分も動物で暮らしや縄張りが荒らされたら怒るんだなってね知りましたよ
本能がよみがえったんですかね？
「野生動物との共存」っていうけれど、あっちもこっちも守りたいものがありますから
仲良くなるのが共存ではなくて真剣に双方でけん制し合ってるくらいが健全なのかもと思うようになりました
くんなよ
くんなよ
くんなよ
くんなよ
くんなよ
まずは彼らがそこにいることを認めてから、自分がどう付き合っていくかを考えるべきだと思います
侵入口を封鎖!!
便所にさせてたこちらのミス

田舎は不便ですか？
果たして「田舎＝不便」なのでしょうか
「都会＝便利」はちがいないですが…
それは「都会に比べて不便」ってことなんだと思うんですよね
例えば、歩いていて急にアイスが食べたくなったときに買えるところがないとか
ガリガリくーん
具合が悪くなって病院に行きたくても車で数十分以上かかるとか
く…くるま…
あー今日面倒だからピザでも…っていってもお届けしてくれないとか
っていっても年に何度もありませんよね
旅行やコンサート、映画に行くにも遠いとか？
「都会に出るのが不便」…だから不便？

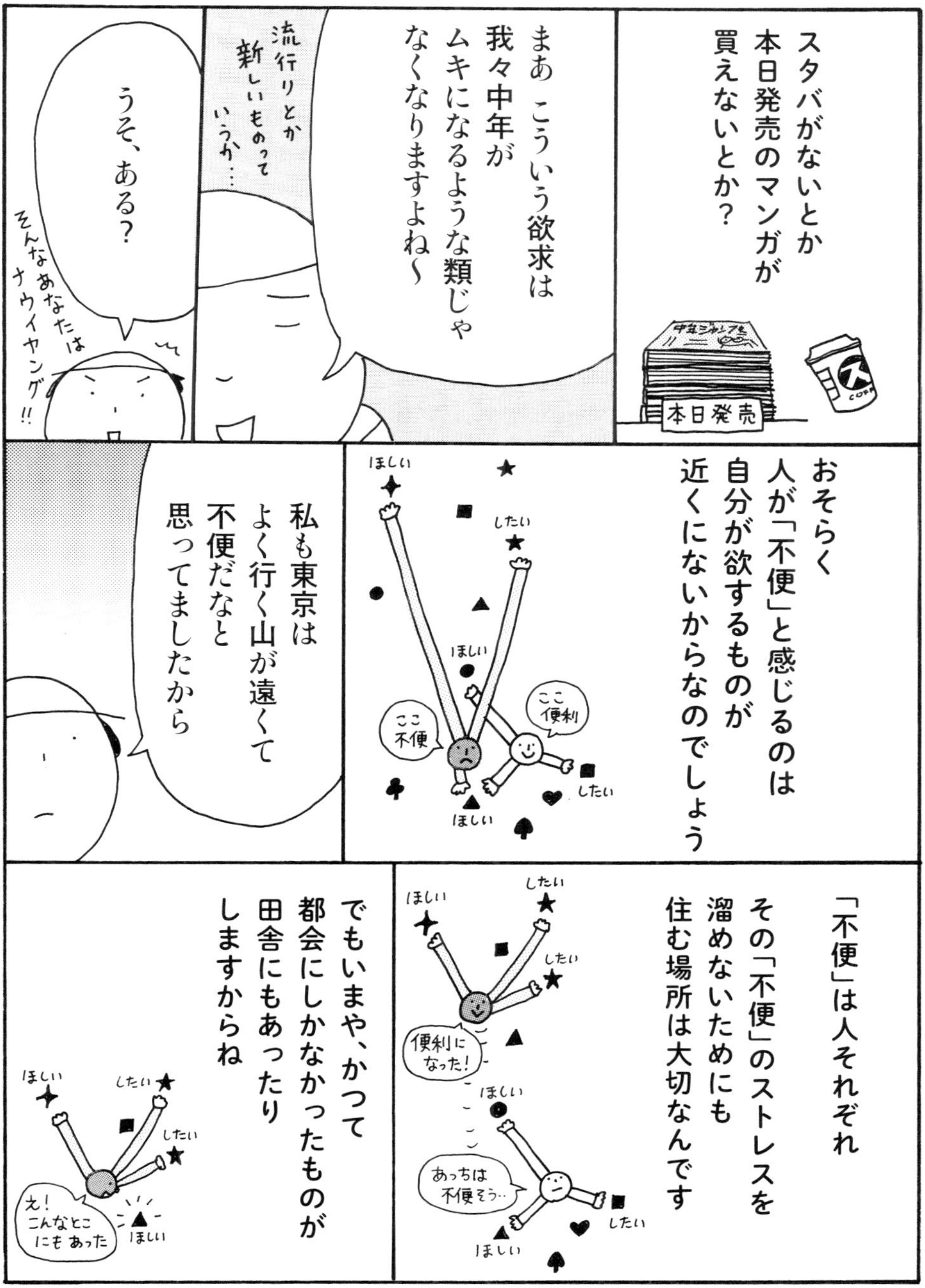
スタバがないとか本日発売のマンガが買えないとか?
中年ジャンプ
本日発売
まあ こういう欲求は我々中年がムキになるような類じゃなくなりますよね～
流行りとか新しいものっていうか…
うそ、ある?
そんなあなたはナウイヤング!!
おそらく人が「不便」と感じるのは自分が欲するものが近くにないからなのでしょう
ほしい
したい
ほしい
ここ不便
ここ便利
したい
ほしい
私も東京はよく行く山が遠くて不便だなと思ってましたから
「不便」は人それぞれ その「不便」のストレスを溜めないためにも住む場所は大切なんです
ほしい
したい
したい
便利になった!
ほしい
あっちは不便そう…
したい
ほしい
でもいまや、かつて都会にしかなかったものが田舎にもあったりしますからね
ほしい
したい
したい
え! こんなとこにもあった
ほしい

私の町内には
車で10分以内に
スーパーが2軒もありました
東京の実家には歩いて10分以内にスーパーないのにね
一軒はそこそこ大きく
都会的な品揃え
バルサミコ酢どちら?
こちらです
別荘の人が多い
もう一軒は
地元の人しかいない
ローカルチェーン
梅漬ける砂糖どこー?
あっちー
長靴の人が多い
私はローカルチェーンのほうが選択肢が少なくてよかったですね
穀物酢しかない
なぜならー
都会派のスーパーや
コンビニに行くと
楽しくなってしまって
なにこれっ!
なにすごっ!
いらない物まで
買ってしまう
ガラムマサラ一点〜
バルサミコ酢一点〜
ピッ
ピッ
- 3.580
あらっ!?

野菜はほとんど
いただきものか直売所で
安く買うので、スーパーは
納豆とか牛乳とかだけ
のハズなんですが…
野菜がありすぎて
肉や魚も
食べる
胃袋の
余裕な
いし
お金を使う場所がないと
使いたいモードが
くすぶり出すんです
あー
なんか買いたーい
日用品や電化製品、
本なんかも通販でよく
買っているものの…
手にとって
お買い物したーい
なぜかしら無性に
「お買い物ごっこ」
したくなる
おいくら
ですか
350
万円です
永遠の少女性なのか
社会性を持ちたいのか
それが実現できる
のが、スーパーか
ホームセンターしか
ないんですよね
コンビニ
とね
田舎がもっと
不便なら
よかったのに
あーあ
私の結論
田舎は不便ではない
中途半端に便利

野菜天国
高級レストランはなくても、そこよりも早く新鮮な食材が手に入るのは田舎の特権ではないでしょうか
私の食生活は野菜に恵まれ本当にぜいたくでした
おとなりの田中さんは昔ながらの専業農家
はい どうぞ
毎日毎日早朝から日暮れまで畑に出る働き者
我が家の野菜はほぼ田中さんからのいただきもの
近所のみなさんも自分の家で食べる分くらいの野菜と米は作っていました
おーい スイカいる？
…
夏の散歩帰りにはこんなことになることも
スイカ
手作りこんにゃく
いんげん ズッキーニ など

産地から食卓までの距離は100メートル以内、採れたてをほおばるとまだあたたかい
そうかー
お店の野菜は冷やしているもんね
あんなに太陽浴びてもみずみずしいってスゴイな
あまい、にがい
あおい、わかい…
うまい！
自分で育てた野菜はよりおいしいと聞きますが人からいただいた野菜もかなりおいしいです
となりの田中さん
近所の
となりのおじさん
人んちの畑ですけどこんなときから見てますしね
そのおかげで恥ずかしながら初めて野菜の旬を知ることができたり
たまねぎ
春
とうがらし
夏
にんじん
秋
ほうれんそう
冬
全体像を初めて見て驚いたりと
いちばんびっくり
オクラ
背が高ーい
まさかの上向き!?
まさかのここ!?
今さらの食育体験でした

ひとつ困るのが
量が…多すぎること
ひとり暮らしってご存じですよね？
周囲も旬なので配るわけにもいきません
みきちゃんナスいる？
ガラッ
追いナス
残したり腐らせたりしたくないからこういう工夫をおぼえました
干す
なんでも乾燥野菜
漬ける
なんでもピクルス
煮つめる
トマトはソース
ゆがいて冷凍する
ほうれんそうとか
でも基本はとにかく食べる食べる食べる
気分は青虫
こんな環境なのでベジタリアンになろうとしなくても野菜ばかりになります
ゲフー
このままじゃ「いい人」になってしまうー

私の知人のベジタリアンはみなさんとてもおだやかでいい人、そしておしゃれ
森の生活はいいですねー
そういうこともあるよね大丈夫だよ
野菜生活ってなぁなんだか体が喜んでるって思うねんな
はじめのころは意志がないくせに彼らに乗っかって、意識が高くなった気分でいました
そんなときに東京のとあるバーで
野菜は無農薬が尊い
みたいなことを話すとなりの男性と
となりの田中さんの野菜だって尊い
口論になりました
完全なる「にわか」対決
知ってるか日本の農薬の規定は…
私はそれでも風邪をひかないし
なにに腹がたったのか…
単にその男性の「オーガニックアピール」が鼻についたのは間違いないのですが
自分のいいと思うものをだまって食べてりゃいいじゃない
バチ
バチ
なにより深くではとなりの田中さんをけなされたような気がしてイヤだったのです

そのときに、何を選んで食べるかに責任を持とう
食べることに意志を持とうと思いました
頭も 体も 心も
食べるもので できている
だからベジタリアンの人たちは「いい人」になるのよね
そういうマインドになるのも含めて選んでいるんだわ でも私は……
そうよ、もう野菜生活も一ヶ月近くそろそろ入れておかないと…
ううーん
明日、入れるか！
そうしよう
ムクッ
さて？ 何を「入れる」かというとー
出発！
ブロロローン
テレッテッテー♪
マック
P

となり街まで行ってファストフード注入です
Lセット
コーラで
かしこまりました~
刺激的ー
効く~
こい~
にく~あぶら~
で、帰ると必ずこう
ぐ、ぐるじぃ…
これで禊《みそ》ぎ終了
こうして「いい人」を謎に中和しています
うー消化に効く野菜食べよか
中年の禊ぎは翌日も続く…
のどかわくな…
私が田舎暮らしをしてもおだやかにならないのはこのおかげです
まだまだおもしろい愚痴いいたいからね
いただけるもの…もとい、名産品は各地でさまざま
食の趣味に合わせて移住地を選びたいですね

田舎の人は焦らない
ある嵐の夜でした
ワッ
停電!
しゃーない 寝るかー
翌日、停電の話をすると…
知らない
そうよね 夜寝てたら 電気使わない でいいか
パチ
パチ
もし囲炉裏で 煮炊きすれば ガスコンロも いらないのよねぇ
水だって 川でくめるし
実は なーんにも契約 しなくても 生きていけるなぁ

＊東日本大震災の後、被災地支援の緊急車両の通行を優先するため、一時期中央高速道路が閉鎖された。

はい、大根
足らんかったら
言って
たくましい
ズシリ
こういうとき
田舎の人は強いなと思います
みんな
あんまり
焦らないん
ですよね〜
たとえお金を生まなくても
生きていける
能力がある
生かしてくれる
自然がある
食べるものさえ
あればいいんだよねぇ
でもお金も
欲しいんだよねぇ
いやだなあ
煩悩
まみれ

＊かやぶき屋根は、湿気とりと防虫のため、定期的に燻す必要がある。

山道具もいろいろ役に立ちます
テントで寝るときに下に敷いて床面からの冷気を防ぐウレタンマット
俗にいう銀マット
秋~冬はこれを床とラグの間に敷きつめたり
本当に寒い夜は羽毛の寝袋をプラスして眠ったことも
いっそテント張ろうかと悩んだよ
高いところに登るのもなんのそのロープだってあります
ハクビシン事件のときとか
水筒にお湯を入れて湯たんぽにするのも山のアイデア
アルミ製
やけどする熱さになるので素手では触れないこと
片方が行方不明の厚手靴下がケース
部屋が広いので、夜の移動はヘッドライトが便利
いちいちスイッチまでいくのがめんどくさいの

ライトといえば
この小型ライト
ほぼ実物大
アウトドアショップでよく見かけていたすごーく小ちゃいライトなんですが
コレ
移住するまでその用途がわかりませんでした
いやぁ、今日は遅くなっちゃった…
ただいまーって暗ぁ！
ん？
んんんんっ
ガッ
ガッ
ガッ
鍵穴が見え〜ず
ガッ
ガッ
ゴッ
暗やみに響く連打音

速攻で買ったよね
文明の利器
新月のころなんて夜に帰宅しようものなら平気で外壁にぶつかりますから
イテ
ドン
体の記憶で行動
逆に満月の夜は明るくて眠れないほどなんですが…
昼間ですか
ま、テントのときも同じか…
今夜もさみいな
登山経験でなんとなくカバー
山で楽しみにしていた都会生活とのギャップが日常になってしまい、あまり山に行かなくなりましたね
ワイキキ行きたい
人間ないものねだりです

田舎で女は強くなる
出会い？
ねえ
それはどういう？
ああ、そっちの♡
意欲があるのはけっこうですな
それはもう田舎だからとか都会だからという差はありません
でも新天地で新しい職場ってことになれば、今現在より増えるのでは
対象者をピンポイントで判別できる可能性は高いでしょう
移住したてのころはお見合い話も数回ありましたし
市の広報誌にも婚活イベントが載ることを考えると需要はあるはず
募集イベント
婚活合同ハイキング in 入笠山
市内にお住まいの25〜40歳の独身の方
初夏の入笠山での出会いを見つけま
40歳までは

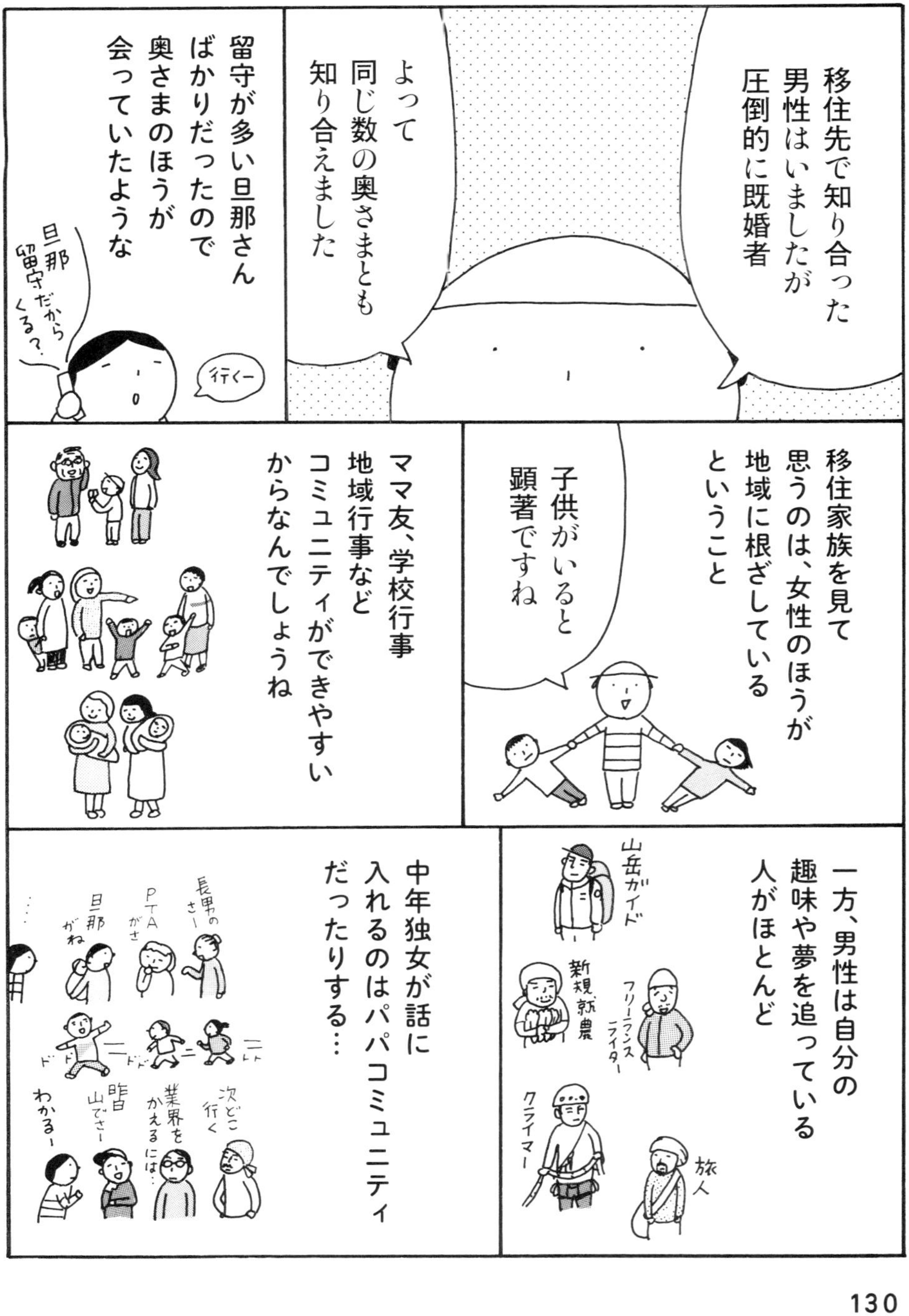
移住先で知り合った
男性はいましたが
圧倒的に既婚者
よって
同じ数の奥さまとも
知り合えました
留守が多い旦那さん
ばかりだったので
奥さまのほうが
会っていたような
旦那留守だからくる?
行くー
移住家族を見て
思うのは、女性のほうが
地域に根ざしている
ということ
子供がいると
顕著ですね
ママ友、学校行事
地域行事など
コミュニティができやすい
からなんでしょうね
一方、男性は自分の
趣味や夢を追っている
人がほとんど
山岳ガイド
新規就農
フリーランスライター
クライマー
旅人
中年独女が話に
入れるのはパパコミュニティ
だったりする…
長男のさー
PTAがさ
旦那がね
…
次どこ行く
業界をかえるには…
皆山でさー
わかるー

好き勝手やっててもなぜかオトコは早く結婚できんのよ！
ケッ
またそういうオトコがモテたりすんのよねー
好き勝手やってるとオンナの婚期は遠のく
いい例
よく言われることですが支えてあげたいと思われなきゃモテないんです
田舎暮らしなんてしたら今よりたくましく…
いやちょっと待てよ
田舎暮らしでは自分ひとりでは解決できないことがちょくちょくあります
重い物を動かす
んぐぐぐ…
地域独特の風習
結婚式が会費制…？
自然の猛威
うそ！

独身のプロになってくると「人に頼る」ことを忘れてしまいがちです
うそ!? 庭に倒木!?
ちなみに元々人に頼るのが苦手だから独身のプロになってしまったとも考えられます
おりゃ〜
やっぱひとりじゃできないかー
ブロロロロ
ん?
ガガガ
ガガガ
おーい
ガ
ガ
となりのおじさん!!

朝さ
大きな音したから
見に来たらさ
木、折れちゃってるじゃん
ブロロロロロ
ブロロロ
みきちゃんが
起きたころに
来てやろうと
思ってさ
ガガガ
なんという ことでしょう
ガガ
ガガ
ガ
グッ
ガ
ズズ
ブロロロロロ
ガガ
ガガ
おお—
これで
ひとまず通れるね
木は玉切《*たまぎ》りしてさ
薪にすりゃいいじゃん
ブロロ
ブロロ
ブロ
ブロロ
ブロロロ
ドサッ

*チェンソーなどを使い、丸太をカットすること。

ガガ
ガガ
じゃ
ブロブロ
ブロ
ブロ
あ…
田舎のヒーロー現わる
おじさんありがとー!!
ブン
ブン
こんな大きな事例だけではなく困ったときは頼ったらいいんです
オレ?
遠くの業者よりとなりのおじさん
おじさんたちの技術たるや
ダメって言われたらまた考えればいい
頼むときも頼まれるときも正直に言えばいい
田舎にはまだ「お互いさま」が残っていて、頼みやすい環境かもしれません
おしょうゆかしてー
いいよー
私も移住前に比べたら頼みごとができるようになったな
図々しい中年になっただけ?

「甘え上手」になるのも上手な田舎暮らしのコツと言えるでしょう
お嫁さんにしたいと思わせるコツと同じですぞ
移住してかわいげのあるオンナになるチャンス！
ねぇ…チェーンソー貸してくれない？
いっそ玉切りを頼もう！
ええっと何の話してたんでしたっけ
あ 出会い？出会いでしたね
そうだっ
ネット！ネットもつながりますし
どこにいようがあるときゃある
ライオンなんていい狩りのためにほとんど寝てます
果報は寝て待て、とも言いますしね！
ガオー
説得力がありませんね？

ある田舎の一日
田舎は静か？
いや、そんなことないと思いますよ
アルピコ
高速バス
帰ってきたー
ミーン
暑う
ミーン
ただいまーっと
ミーン
お、帰ってきたじゃん
はーい

ストン
ゴトゴト
ガウン
ガウン
ガウン
ガウン
ガッ
ガウン
ガタッ
ふにゃ〜
ゴロン
ジッ
ジッ
ミー
ミーーン
ミーン
ミーン
ミン
ミーーン
ジッ
ミーン
ガウン
ガウン
ガウン
ミン
疲れたー

カナカナ
カナ
カナ
カナ
トン
トントン
アハハ
ドッ
パチッ
パチ
パチパチ
パチ
アハハハ
明日また
オッケ
ムハハハ
は
パチン
ガラガラ

ガタ
ガタ
ガタ
ガタ
カナ
カナ
カナ
カナ
カナ
カナ

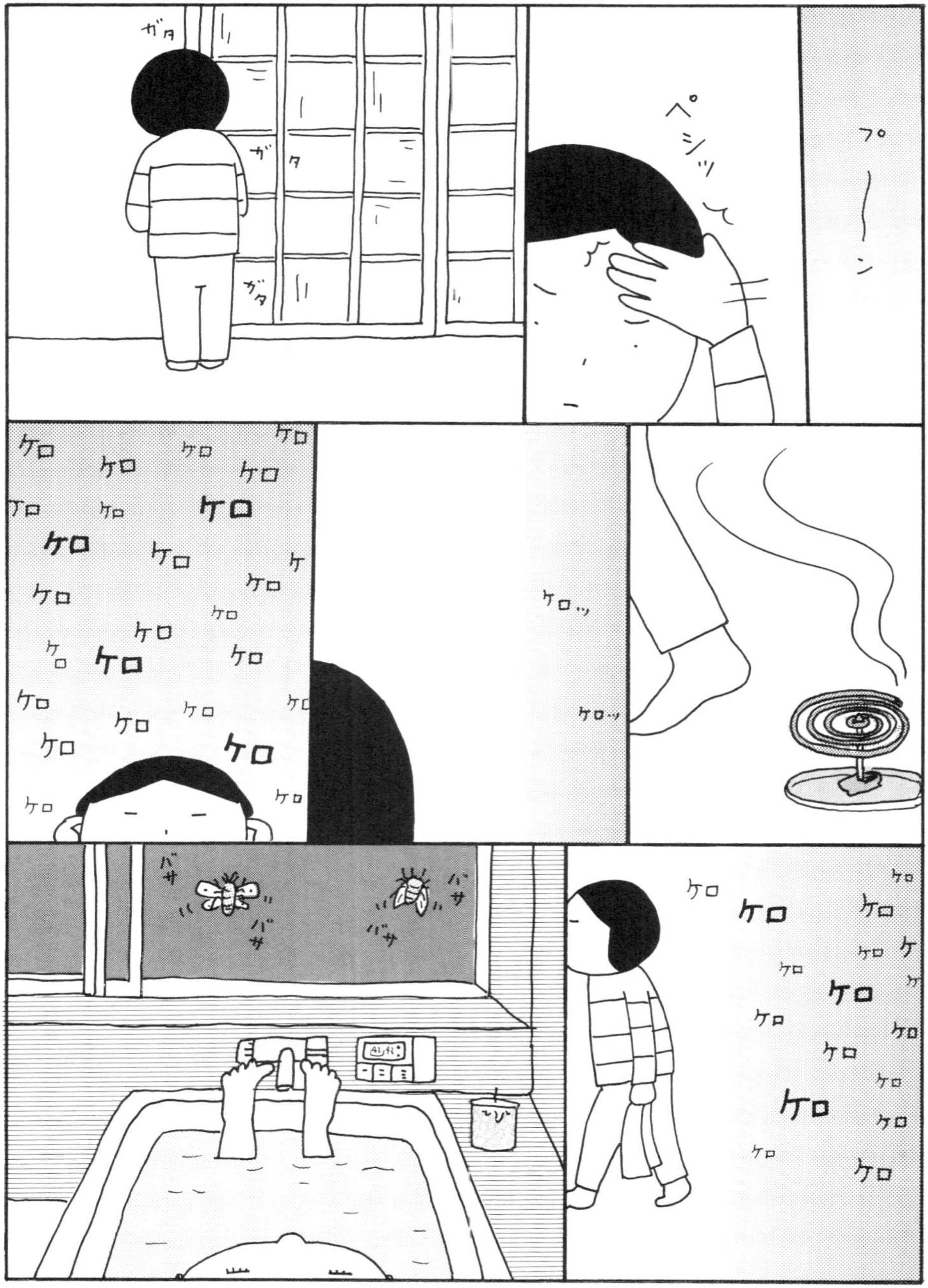
プーン
ペシッ
ガタ
ガタ
ガタ
ケロッ
ケロッ
ケロ ケロ
ケロ ケロ ケロ ケロ ケロ ケロ ケロ ケロ ケロ ケロ ケロ ケロ ケロ ケロ ケロ ケロ
バサ
バサ
バサ
バサ

ケロ
ケロ
ケロ
ケロ
ケロ
ケロ
ケロ
ケロ
ケロ
ケロ
ケロ
ケロ
パタン
プッシュ
ケロ
ケロ
ケロ
ケロ
ケロ
ケロ
ゴクン
ゴクン
ケロ
ケロ
ケロ
ケロ
ケロ
ケロ
ケロ
ケロ
もぞ
もぞ
ガッタン
トトトト
き――っ

COLUMN 田舎暮らしのエトセトラ 5

ご近所付き合いQ&A

なんだかんだ心配な田舎の近所付き合いのこと…。私が送る言葉は「最初が肝心」と「親しき仲にも礼儀あり」。あとは笑顔！それが大事。

引っ越しのあいさつのときに気をつけることは？

地域によっては、あいさつの順番を気にすることがあります。地区の区長さんに聞いてから出かけるといいでしょう。手土産は大手有名デパートの贈答コーナーにあるベタなものがベター。のしを付けてもらい、デパートの柄のベタな包装紙を選ぶとさらにベター。そしてあいさつに伺うときは、いつもよりおとなしめの服装にするのがベター。ベストはあなたの笑顔以外は印象に残らないこと。

野菜などをもらったら、お返しは？

相手のご厚意とはいえ、もらいっぱなしではよくありません。毎回お返しをすると破産しかねないので(そのくらいもらう)、月に1〜2度でも何かお礼を形にしてお返ししましょう。私は出張や旅行で小さいお菓子を買ってきてお渡ししていました。なんでもいいんです。缶コーヒーなんかでも喜んでもらえるし、力仕事のお手伝いでもいいと思いますよ。

ご近所づきあいでイヤだったことは？

はじめ、「昨夜は遅くまで電気点いてたね」とか「日曜に品川ナンバーの車が来てたね」と言われたときはゾッとしました。とにかくよく見ている！でも私は留守も多く、なにしろひとり暮らしなので、「いつも見張ってくれてありがたい」と思うことに。実際、不審車を追っぱらってくれたことも…。こちらが気にしているほど特別な意味はなく、めずらしかったから言ってみただけ程度のようです。

正直なじめましたか？

私は最初から「なじもう」と思っていませんでした。「なじめるはずがないだろう」と言ったほうがいいかな。平均化している都会と違い、田舎にはまだまだ独特の慣習があって、方言もありますから。海外に住むくらいの気持ちです。もともとコミュニティなどに属すのが苦手なのもあります。とりあえず「はじめに何でも聞く」、それから「そのやり方でやる」。これで万事うまくいっていました。結果けっこうなじんでいたんじゃないかなぁ？と自分では思っています。

第4章

中年で移住するということ

お金と断捨離と私
中年独身の田舎暮らし少しは雰囲気を感じ取っていただけたでしょうか
最後にもう2つぜひとも始めてほしい移住準備があります
まずは「出直し貯金」
まだ「出て」もないのに 夢がない話ですけど
今回の「引っ越し費用」とは別に用意してもらいたいんです
オホホ
中年のみなさんなら理想と現実が違うことくらい…
知ってる
知ってる
もし、田舎暮らしや新しい仕事が合わなかったとき、素早くリカバリーするにはお金で解決するのが一番
だらだらとイヤな時間を過ごすほど中年独身ヒマじゃありませんから
フッ
傷が浅いうちにさっさと出直すための資金です
フフ〜ン なかったことに〜
さっ

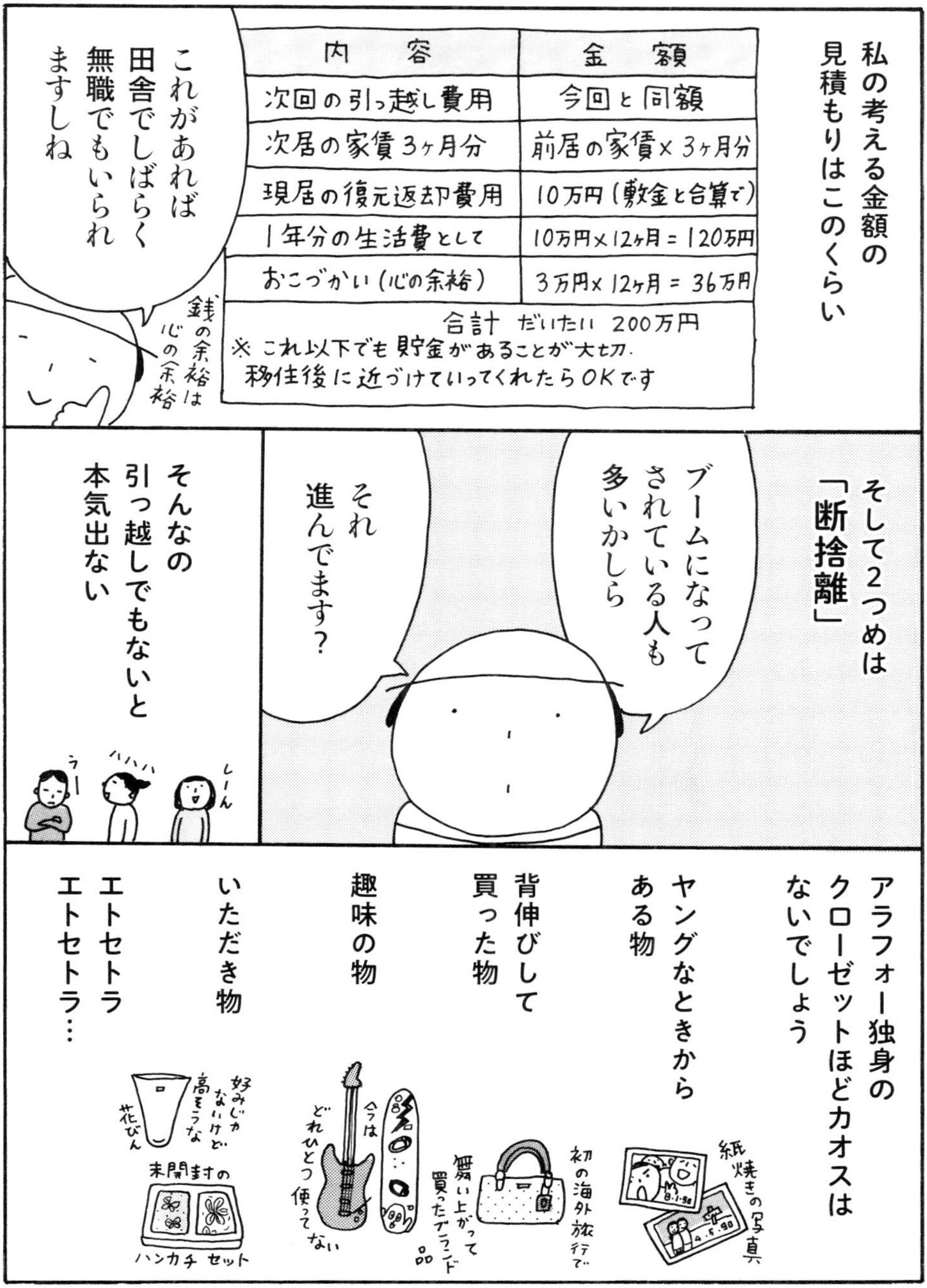
私の考える金額の見積もりはこのくらい
内容 | 金額
次回の引っ越し費用 | 今回と同額
次居の家賃3ヶ月分 | 前居の家賃×3ヶ月分
現居の復元返却費用 | 10万円(敷金と合算で)
1年分の生活費として | 10万円×12ヶ月=120万円
おこづかい(心の余裕) | 3万円×12ヶ月=36万円
合計 だいたい 200万円
※これ以下でも貯金があることが大切.
移住後に近づけていってくれたらOKです
これがあれば田舎でしばらく無職でもいられますしね
銭の余裕は心の余裕
そして2つめは「断捨離」
ブームになってされている人も多いかしら
それ進んでます?
そんなの引っ越しでもないと本気出ない
うー
ハハハ
しーん
アラフォー独身のクローゼットほどカオスはないでしょう
ヤングなときからある物
背伸びして買った物
趣味の物
いただき物
エトセトラエトセトラ…
紙焼きの写真
初の海外旅行で
舞い上がって買ったブランド品
今はどれひとつ使ってない
好みじゃないけど高そうな
花びん
未開封の
ハンカチ セット

移住となれば
今、家にあるものすべて
どんな小物ひとつでも
残らず梱包して
また出すんですよ
ひ、と、り、で
狂気の沙汰
ですよ…
おそらくあなたが思っている
以上に物が多く
想像の倍は、ごっそり
処分することになります
トラックの大きさで
引っ越し料金は
大きく変わり
ます
4～6t
私は
ギリギリ
コレ→
2～3t
もうこれについては
「移住」に関係なく
地球上のアラフォーに
伝道したい
すずみき式
「人生がときめかない
片付けは地獄」
マジ卍マンジ
私もね、移住した
38歳のときは
貯金がなくても
荷物が多くても
勢いでどうにか
なったんですがね
次に引っ越した
45歳のときは
キツかった…
これからもっと
中年になるのを
お忘れなく
はーい
しれー
たしかに

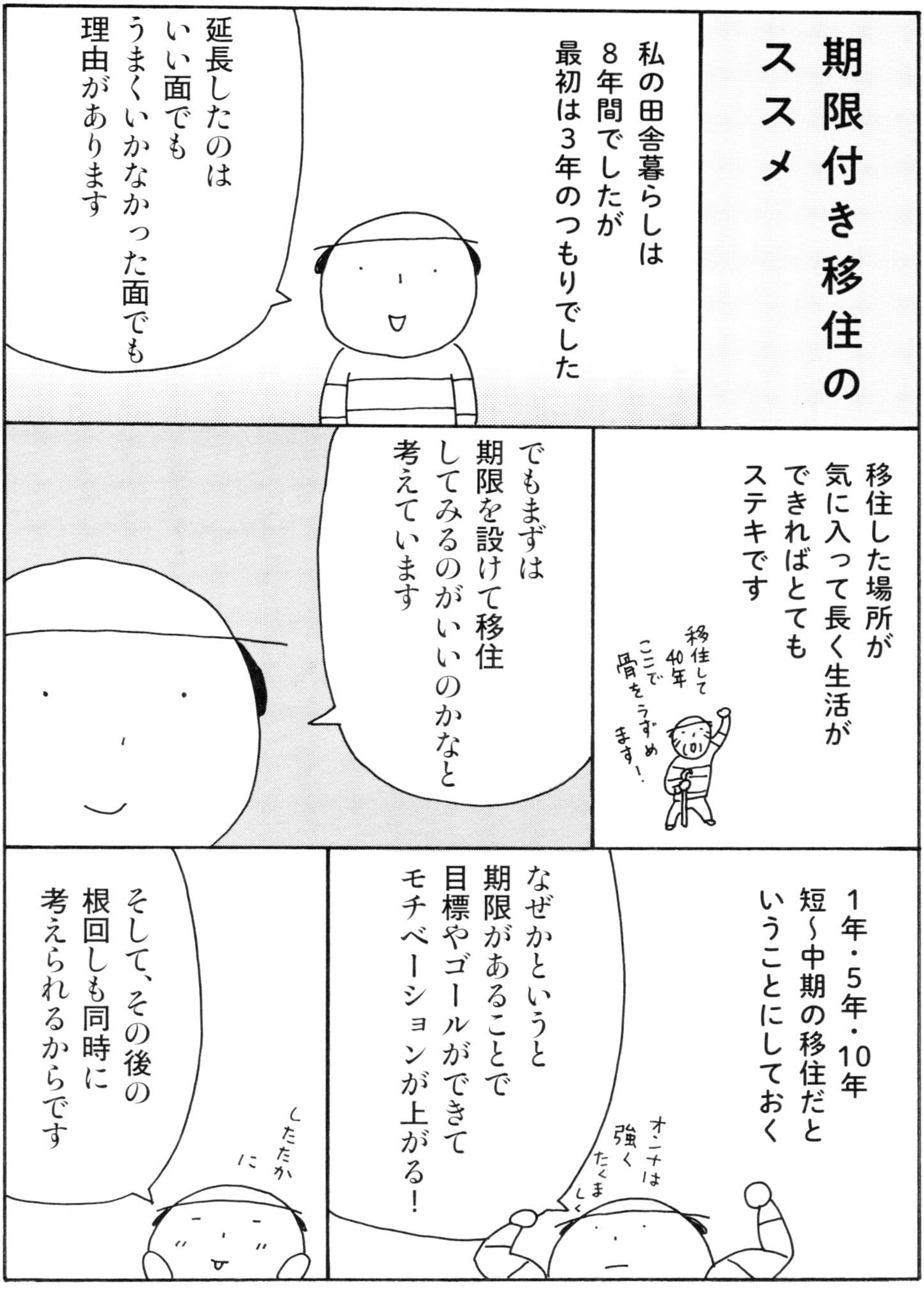
期限付き移住のススメ
私の田舎暮らしは8年間でしたが最初は3年のつもりでした
延長したのはいい面でもうまくいかなかった面でも理由があります
移住した場所が気に入って長く生活ができればとてもステキです
移住して40年ここで骨をうずめます!
でもまずは期限を設けて移住してみるのがいいのかなと考えています
1年・5年・10年短~中期の移住だというこにしておく
なぜかというと期限があることで目標やゴールができてモチベーションが上がる!
オンナは強くたくましく
そして、その後の根回しも同時に考えられるからです
したたかに

例えばこうです
1年だけにして休職扱いにしてもらうもしくは就活を同時進行させる
5年後は手に職をつけて独立しよう
10年後はもっと山奥で自給自足したい
15年後地元の人になるぞ
パワーアップして戻れるよう思いきり休む
みっちり勉強して資格をとるぞ
お年寄りから学ぼう
選挙でる？
町議会選
やる気・元気・山好き
すずきみき
永住するつもりでいても、突然なんらかの事情で続行できなくなることがないとは限りません
それは、家族のことや仕事のこと、自分の体調のことかもしれません
中年って一番マルチタスクになる時期かもね
私が移住を決意したのは親が元気なうちしかできない、と思ったんですよね
今も元気で幸いです
もうじきボケるからよろしく
そんなことを考えると中年が好きな場所を選んで住める時間はそんなに長くありません

人生の時間のなかで
「自分」が優先順位の
トップではなくなる
期間が誰にでもあります
それが
「自分」であるとき
「自分」でも
許されるとき
そんなときは
思いきり「自分」を
楽しませなくちゃと
思っているんですよね
こうして好きなように
お仕事できているのも
いまだから
それが同世代より
ちょっと長いのは
嬉しい誤算でした
けどね？
嬉しくていいのかな？
若いころって
その期間が夏休みのように
長かったですが
社会人になると
貴重な3連休くらいの
長さに感じます
どこか連れてってー
ごはんまだ
でもそのほうが
効率的かつ健康的に
楽しめることって
ありますよね
なんていってる場合じゃない！

そういうイメージで期限を設けることでプランニングもしやすくぎゅっと楽しもうと思えるんじゃないかなって
ぎゅ
ちなみになんですけど期待していても思うようにならないときってあるじゃないですか
思っていたのとぜんぜんちがう!!
私、それで凹んじゃうタイプなんですよねー
ちえ
そんなときにも期限があると耐えられる
あと2年だから頑張ってみよ
エイッ
ネガティブなんだかポジティブなんだか
えぇ、私にもわかりません
たとえ目標やゴールが今のところなくても仮の期限を設定したほうが日々にもメリハリができてまたそれを更新できることに感謝できる気がします。
よかったらお試しください
もう中年の集中力も忍耐力も長くもたないですしね

おわりに

おわりに

おわりに
全社会人に40歳記念長期休暇を！
居酒屋からのご声援ありがとうございます ビール党代表スズキでございます
アラフォーにおいとまを！
ちょうど学校に通ったくらいの年数を働いてきたアラフォー
そりゃリフレッシュしたくなりますよ
でもなかなか休みもない休むのも許されないそんな気がしちゃいませんか…
あのぉ…40歳記念のぉ…
あ－なんでもないです…
私が移住をするときも「好きなものの近くに」の裏には「イヤなことから離れたい」という気持ちもありました
東京では人と比べて焦ったりイライラしていました
そういう自分にも飽き飽きしていてリフレッシュしたいっ！て

実際に東京から距離をとってみると自然とその悩みはしぼんでいきました
TOKYO
幸せ〜って
なんだーっけ なんだーっけ
物事をどこから見るかでその大きさや形が違って見えることってありますよね
TOKYO
ところであの箱なんだっけ？
田舎には田舎なりの大変さやストレスがありましたが都会で味わっていたものに比べると単純
フンッ
INAKA
今思えばその大変さが田舎の面白さ
INAKA
あがったー
ホッ
ただひとつだけ改善できなかったのは、仕事を詰めこんでしまったこと
「出直し貯金」もなかったし田舎で仕事を続けられる確信もありませんでした
独身アラフォーは働くことで不安を解消するしかなかったんです

それでもまだ気楽でいられたのは好きな山の景色と自然の力強さが近くにあったからです
一日のうちどこかではトキめく瞬間を必ずもたらしてくれました
移住前の夢は毎週のように八ヶ岳だ北アルプスだと登山することだったんですけどね
初めの1～2年はそれができなくて悔しくも思っていましたが何年かすると心に変化が
なんというか夢と現実のギャップが埋まってきたというか
心と体の年齢が合ってきたというか
20代ではなくアラフォーで移住してよかったと思うことがあります

それは
中年になる移行期間に
ゆっくりと静かに
自分と向き合える
時間を得られたこと
好きなものに囲まれ
自分がいい状態で
今後を考えることが
できたことです
起きて
働いて
食べて
笑って
泣いて
お風呂に
入って
ラインして
寝る
都会でも田舎でも
1日は24時間
やることに変わりばえも
しないですが
もっとも長く時間を
費やすのは、
暮らしている場所です
「どこで」
その時間を費やすのか

その場所によって考え方の道筋や出てくるアイデアや答えは変わるのではないかな
A
B
東京で飽き飽き暮らし続けていたら違う今になっていたでしょうね
住む場所大事ッ
マジマンジ 卍 アゲイン
だからといって「必ず移住して」とは言いませんが、せめてちょっとの間、今いる場所から離れてみる時間を作ってほしいなって思っているんです
客観的に今の自分を見直してリフレッシュする時間
アラフォーは体と心の過渡期
若い頃の勢いだけでは足がもつれるお年頃
パパ
ホラ、子供の運動会で転んじゃうお父さん そんなかんじです
中年という新しいステージへ行きましょう
パンパカ
パーン
祝
祝 スナック自分 リニューアルオープン

私は自分の中年と向き合った結果
2年前に山梨から札幌に引っ越しました
かやぶきのお家の寒さが体にこたえるのと、
資格取得のためと
雪山が恋しくなったから
パンパカ
パーン
これからも親が元気なうちは好きなところに住もうと思っています
おじょうさん、そろそろ…
せっかく独身で中年になったからにはもっとわがままにふるまいたいな！と
ギラ
ギラ
ぐっ
それ以上？って言わないで
独身のあなたもあなたの心次第であなたの時間を過ごせる特権をお持ちでは？
プッ
「移住」は人生の時間の使い方のひとつです
たとえ勢い余って足がもつれても転んでも、立ち上がる筋力をつけておけばいいんです
中年に幸あれ！
今のあなたに合った暮らし方を見つけてください
おしまい

あとがき

「好きなことを仕事にしていていいですね」と、人から言っていただくことがよくあります。でも、今回この本を描いていて改めて思ったのは、私の場合は「好きな仕事」ではなくて（自分に合っているとは思っていますけど）、「好きなところに住める仕事」をしているってことです。その思考の表れとして、昨年、札幌で外国人に日本語を教える「日本語教師」の資格を取りました。なぜなら、いつか海外でも暮らしてみたいからです。私は「職業」より「居場所」のほうに興味があるようです。

たぶん、みなさんも「好きなように生きたい」と、今を不満に感じることがあると思うのですが、実は今もけっこう好きなように生きていると思うんです。ただもう一歩それに近づけない自分に腹が立っているだけで。この本を読んで、根無し草みたいな私に呆れてでもいいですが、「もっと好きにやっても人生どうにかなるもんだな」と知ってもらえたらいいなと思っています。同時に今もそんなにわるくないなと気づいてもらえたら。

デビュー作『悩んだときは山に行け！』から10年、その節目にまた平凡社の佐藤さんと本を作れて光栄です。いつも新しい挑戦をさせてくれてありがとうございます。

単純な絵を最大限に生かしてブックデザインしてくれるアルビレオの西村さん、小川さん、毎度かわいい本にしてくださってありがとうございます。

そして10年にわたり、応援してくださった読者のみなさまは、本当に私の宝物です。どうもありがとう。登山の本ではないのでがっかりさせていないかと内心ハラハラです。

私の著書はこの本がはじめてというみなさま、手に取ってくださってありがとうございます。ついでに乗りかかった船ということで登山を始めてみませんか？山の本もよかったら読んでみてください。

中年って、たいへんだけど面白いです。

お互いに、それなりにがんばっていきましょう。

２０１９年９月16日（敬老の日、まだ敬う側だ！）

札幌の自宅にて　鈴木みき

鈴木みき

1972年東京生まれ。イラストレーター・漫画家。24歳のころのカナダ旅行をきっかけに山の魅力にハマる。山雑誌の読者モデル、スキー場・山小屋バイトを経て、イラストレーターに。登山を初心者にも分かりやすく紹介する著作を多数発表。女性一人でも参加しやすい登山ツアー「山っていい友！ツアー」（アルパインツアーサービス主催）を企画、同行している。38歳のときに東京から生活拠点を山梨県北杜市に移し、8年間暮らす。現在は札幌市在住。

ブログ：鈴木みきのとりあえず裏日記
https://ameblo.jp/suzukimiki/

ツイッター：@Mt_suzukimiki

フェイスブック：Mt.mikisuzuki/

中年女子、ひとりで移住してみました

仕事・家・暮らし
無理しすぎない
田舎暮らしのコツ

2019年11月8日　初版第１刷発行

著者　鈴木みき
発行者　下中美都
発行所　株式会社平凡社
〒101-0051 東京都千代田区神田神保町3-29
電話 03-3230-6584（編集）
03-3230-6573（営業）
振替 00180-0-29639
平凡社ホームページ https://www.heibonsha.co.jp/

印刷・製本　大日本印刷株式会社
ブックデザイン　アルビレオ
DTP　ステーションエス
編集　佐藤暁子（平凡社）

ISBN 978-4-582-83817-6 C0061
NDC分類番号 611.98
A5判（21.0cm）　総ページ160